DR.-ING. PETER DEMUTH

VERBRENNUNGSMOTOREN

FÜR

FLUG-, SCHIFFS- UND AUTOMODELLE

NECKAR-VERLAG · VILLINGEN-SCHWENNINGEN

ISBN 3—7883—0115—5

1974
Neckar-Verlag GmbH, 773 Villingen-Schwenningen, Klosterring 1
Alle Rechte, besonders das Übersetzungsrecht, vorbehalten. Nachdruck oder Vervielfältigung von Text und Bildern, auch auszugsweise, nur mit ausdrücklicher Genehmigung des Verlages.
Printed in Germany by Buch- und Offsetdruckerei Malsch & Vogel GmbH, 7500 Karlsruhe 1

*Die Technik der Modellmotoren ist faszinierend und die
Beschäftigung damit kann zur Leidenschaft werden.
Der singende Auspuffton der hochtourigen Kleinstmotoren in
Flug-, Schiffs- oder Automodellen ist Musik für das Ohr
eines motorbegeisterten Modellbauers.
Aber nicht immer findet der Bastler in der Bauanleitung
zu einem Modell alle Fragen beantwortet, die der Einbau
und Betrieb eines Modellmotors aufwirft. Ebenso sucht
der Modellbauer, der Rekorde aufstellen will,
eine fundierte Anleitung zur Verbesserung
und Leistungsanhebung seines Motors.
Auch der Student oder Techniker, der sich mit
der Konstruktion von Modellmotoren befaßt, findet in
diesem Buch sicher manche Anregung und viele Erfahrungswerte.
Für diese Interessenten wurde das Buch geschrieben und
durch eine Sammlung von Leistungskurven
und Kurzbeschreibungen einiger Modellmotoren ergänzt.*

Inhaltsübersicht

Seite

1.	**Einführung**	9
1.1.	„Modellmotor", was ist das?	9
1.2.	Die Entwicklung der Kleinstverbrennungsmotoren	9
1.3.	Einteilung der Motoren	26
1.4.	Funktion – ganz einfach	26
2.	**Allgemeiner Aufbau der Modellmotoren**	30
2.1.	Zylinderanordnung	30
2.2.	Spülungsarten	31
2.3.	Das Bohrungs-Hub-Verhältnis	34
2.4.	Die Pleuelstangenlänge	35
2.5.	Die Steuerzeiten – Spülvorgänge	35
2.6.	Einfluß des Kurbelgehäusevolumens	40
2.7.	Einfluß des Auslaßsystems	40
2.8.	Maximal erreichbare Leistung	42
3.	**Bauteile der Motoren näher betrachtet**	44
3.1.	Kurbelgehäuse	44
3.2.	Kurbelwelle	44
3.3.	Lagerung der Kurbelwelle	46
3.4.	Propellermitnehmer	46
3.5.	Der Pleuel	46
3.6.	Der Kolben	47
3.7.	Der Kolbenring	49
3.8.	Der Zylinder	49
3.9.	Dichtungen	50
3.10.	Massenausgleich	50
4.	**Besondere Probleme der Modellmotoren**	53
4.1.	Verbrennung und Zündung	53
4.2.	Der Vergaser	55
4.3.	Die Drehzahlregelung der Motoren	58
4.4.	Der Brennraum	67
4.5.	Die Glühkerze	68
4.6.	Der Kraftstoff für Modellmotoren	70
4.6.1.	Grundsubstanzen für Glühzündermotoren-Kraftstoffe	71
4.6.2.	Grundsubstanzen für Modelldieselmotoren-Kraftstoffe	72

4.6.3.	Mischungs- und Lösungsvermittler	73
4.6.4.	Leistungssteigernde Dopmittel	74
4.6.5.	Schmieröle	76
4.6.6.	Kraftstoffmischungen	77
4.6.7.	Lagerung von Kraftstoffen	77
4.7.	Kühlung von Modellmotoren	78
5.	**Zubehör zu Modellmotoren**	**80**
5.1.	Der Tank	80
5.2.	Schalldämpfer	81
5.3.	Propeller	88
5.4.	Schiffsschrauben	90
6.	**Umgang mit Modellmotoren**	**92**
6.1.	Erforderliche Motorleistung	92
6.1.1.	Flugmodelle	92
6.1.2.	Schiffsmodelle	92
6.1.3.	Hubschraubermodelle	93
6.1.4.	Automodelle	94
6.2.	Motoreinkauf	94
6.3.	Einlaufen von Modellmotoren	95
6.4.	Starten von Modellmotoren	97
6.5.	Einregulieren von Vergasern	98
6.6.	Kerzenauswahl	101
6.7.	Motoreneinbau	102
6.7.1.	Einbau von Modellmotoren in Flugmodelle	102
6.7.2.	Motoreneinbau in Schiffe	104
6.7.3.	Motoreneinbau in Autos und Hubschrauber	107
7.	**Motorenwartung**	**107**
8.	**Messungen an Modellmotoren**	**112**
9.	**Frisieren von Modellmotoren**	**120**
9.1.	Frisieren Stufe I	120
9.2.	Die angepaßte Verdichtung beim Glühzündermotor	122
9.3.	Vergaserfragen	124
9.4.	Frisieren Stufe II	125
9.5.	Frisieren Stufe III	130

10. **Leistungsdiagramme und Kurzbeschreibung von Modellmotoren** 133

10.1.	WEBRA Sport-Glow	1,7 ccm	134
10.2.	WEBRA .40	6,5 ccm	136
10.3.	WEBRA Black Head	10 ccm	138
10.4.	WEBRA Speed	10 ccm	140
10.5.	OS – MAX .20	3,2 ccm	142
10.6.	OS – MAX .60 GP	10 ccm	144
10.7.	OS – MAX – Wankel	5 ccm	146
10.8.	HB .20	3,2 ccm	148
10.9.	HB .61	10 ccm	150
10.10.	HB .61 – Stamo	10 ccm	152
10.11.	Hörnlein – SPRINT	1,7 ccm	154
10.12.	MERCO .29 und .35	5,0 und 6,0 ccm	156
10.13.	ENYA .60 – III	10 ccm	158
10.14.	HP .40 F	6,5 ccm	160
10.15.	HP .40 R	6,5 ccm	162
10.16.	HP .61	10 ccm	164
10.17.	Super – Tigre G 21/29 ABC	5 ccm	166
10.18.	Super – Tigre G 60 Blue Head...........	10 ccm	168
10.19.	Super – Tigre G 40 ABC	6,5 ccm	170
10.20.	OPS .60 – Rennmotor	10 ccm	172
10.21.	ROSSI .60 – Rennmotor	10 ccm	174

1. Einführung

1.1. „Modellmotor", was ist das?

Kleinstverbrennungsmotoren werden heute häufig als Modellmotoren bezeichnet. Diese Wortbildung führt aber zu Irrtümern, denn der Modellmotor ist nicht ein Modell, d.h. eine verkleinerte Nachbildung eines Verbrennungsmotors, wie sie heute in Motorrädern, Autos, Flugzeugen und Schiffen als Antriebsaggregat verwendet werden, sondern eine selbständige Verbrennungsmotorenbauart mit eigenen Gesetzen. Der Modellmotor dient als *Antriebsmotor* für ein *Modell*. Er ist auch in seiner Mechanik nicht aus bekannten Verbrennungsmotoren durch Verkleinerung entstanden, sondern er machte eine eigene mechanische Entwicklung durch, gemeinsam ist nur die Bezeichnung für einige mechanische Motorenteile, wie z. B. Kolben und Zylinder. Der „Modellmotor" ist heute die kleinste Form der Verbrennungskraftmaschine mit innerer Verbrennung, die serienmäßig gebaut wird und Nutzleistung abgibt.

1.2. Die Entwicklung der Kleinstverbrennungsmotoren

Der Bau von kleinen Verbrennungsmotoren begann in England kurz nach der Jahrhundertwende. Im Jahre 1908 soll dort schon ein Flugmodell, angetrieben durch einen 4-Takt-Motor mit 15 ccm Hubraum, geflogen sein. In den folgenden Jahren wurde hin und wieder von erfolgreich laufenden kleinen Verbrennungsmotoren berichtet. Diese Motoren waren aber immer handgefertigte Einzelstücke, die durch Vereinfachungen und Verkleinerungen von größeren Einzylinder-Motoren entstanden. All diese Motoren hatten eine aufwendige Zündanlage aus Batterien, Unterbrechern, Zündspulen und Zündkerzen. Die großen Schwierigkeiten bestanden auch in der Herstellung der Zündspulen, da dünne, lackisolierte Kupferdrähte damals noch nicht allgemein erhältlich waren. Die Zuverlässigkeit der Verbrennungsmotoren war gering, und stundenlange Startversuche, bis solch ein Motor einmal lief, waren üblich.

Neben diesen ersten Versuchen, einen Kleinverbrennungsmotor mit Funkenzündung — zum Antrieb von Modellen — zu bauen, sei hier ein anderer Motor erwähnt: *Der Preßluftmotor*. Für diese Motoren, die vor allem bis 1920 zum Antrieb aller möglichen Flug- und Schiffsmodelle dienten, stand die Spielzeugdampfmaschine Pate. Die Steuerung des Gasstroms erfolgte über Schieber oder oszillierende Zylinder. Der Energiespeicher war eine mit Preßluft gefüllte Flasche, meist aus dünnem Messingblech, das mit Stahldrähten zur besseren Festigkeit übersponnen war. Die Preßluftmotoren sahen zum Teil recht elegant aus, da meist mehrzylindrige Motoren in Sternanordnung gebaut wurden. Die Handhabung dieser Motoren mit dem Aufpumpen der Druckluftvorratsflasche war umständlich, dafür liefen die Motoren zuverlässig an und

Abbildung 1

Die ersten brauchbaren Kolbenmotoren für den Antrieb von Flugmodellen waren Preßluftmotoren. Hier ein dreizylindriger Preßluftmotor aus der Zeit vor dem ersten Weltkrieg. Die Steuerung erfolgte durch sogenannte oszillierende Zylinder. Die Steuerungsart war von der Spielzeugdampfmaschine entlehnt. An den Motor angeflanscht war eine Preßluftflasche hier aus dünnem Blech. Mit diesen Motoren flogen die ersten in Bastelzeitschriften zum Nachbau veröffentlichten Flugmodelle.

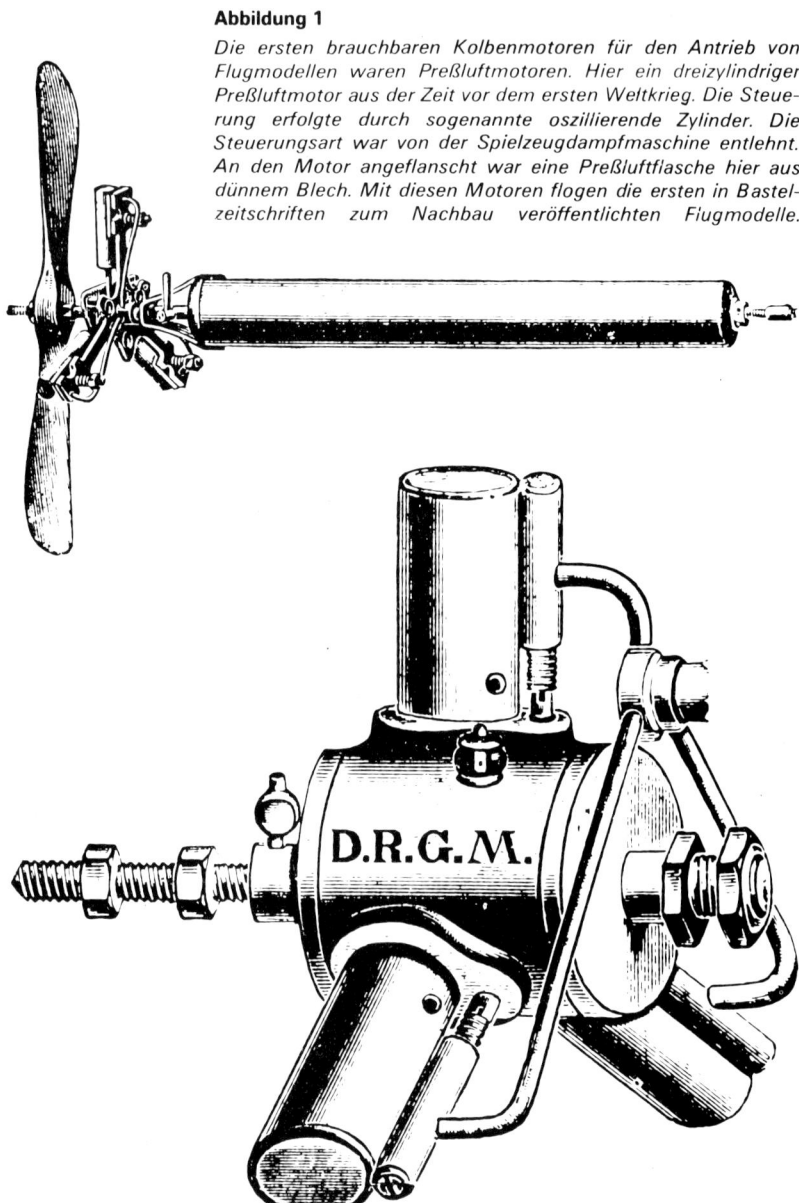

Abbildung 2

Ein Dreizylinder-Preßluftmotor, der vor dem ersten Weltkrieg gebaut wurde und angeblich eine Kurzzeitleistung von 1,0 PS erreichte.

waren betriebssicher, was von den Verbrennungsmotoren der damaligen Zeit nicht behauptet werden konnte. Die Leistungsausbeute der Preßluftmotoren war bescheiden, ebenso war die Laufzeit bis der Druck in der Vorratsflasche zu stark abgefallen war, sehr kurz. Es gab allerdings Motoren die erstaunliche Kurzzeitleistungen bis zu 1 PS erreichten.

Um das Jahr 1932 entstanden die ersten in kleiner Serie gebauten Zweitakt-Modellmotoren. Vor allem soll hier der in USA serienmäßig gebaute „Brown-Junior"-Motor aus dem Jahre 1932 erwähnt werden. Dieser Motor wies die

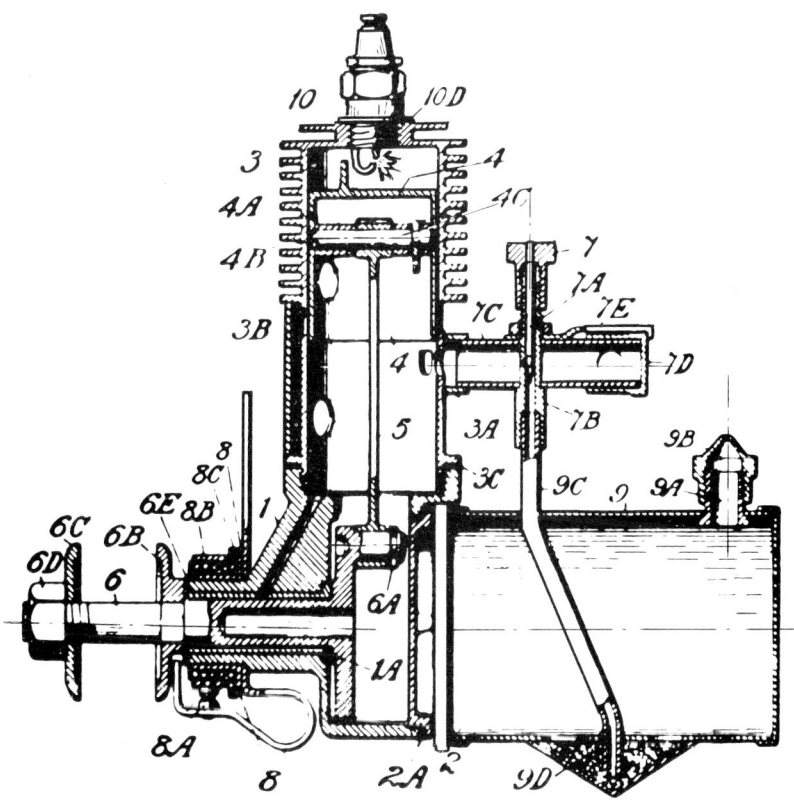

Abbildung 3
Schnittzeichnung durch den ersten in größeren Stückzahlen serienmäßig hergestellten Modellmotor aus dem Jahr 1932, den BROWN-JUNIOR. Hubraum 9,47 ccm — Gewicht 750 gr. Leistung soll 0,2 PS bei 4500 U/min betragen haben. Interessant ist bei diesem Motor die Kurbelwelle mit nur einer Kurbelwange und nach hinten ausbaubarem Pleuel. Der Pleuel war recht schmalbrüstig. Ein recht brauchbares Detail dürfte der in den Tank eingebaute Kraftstoffilter gewesen sein, ein Detail, das heutige Modellmotoren leider nicht mehr haben.

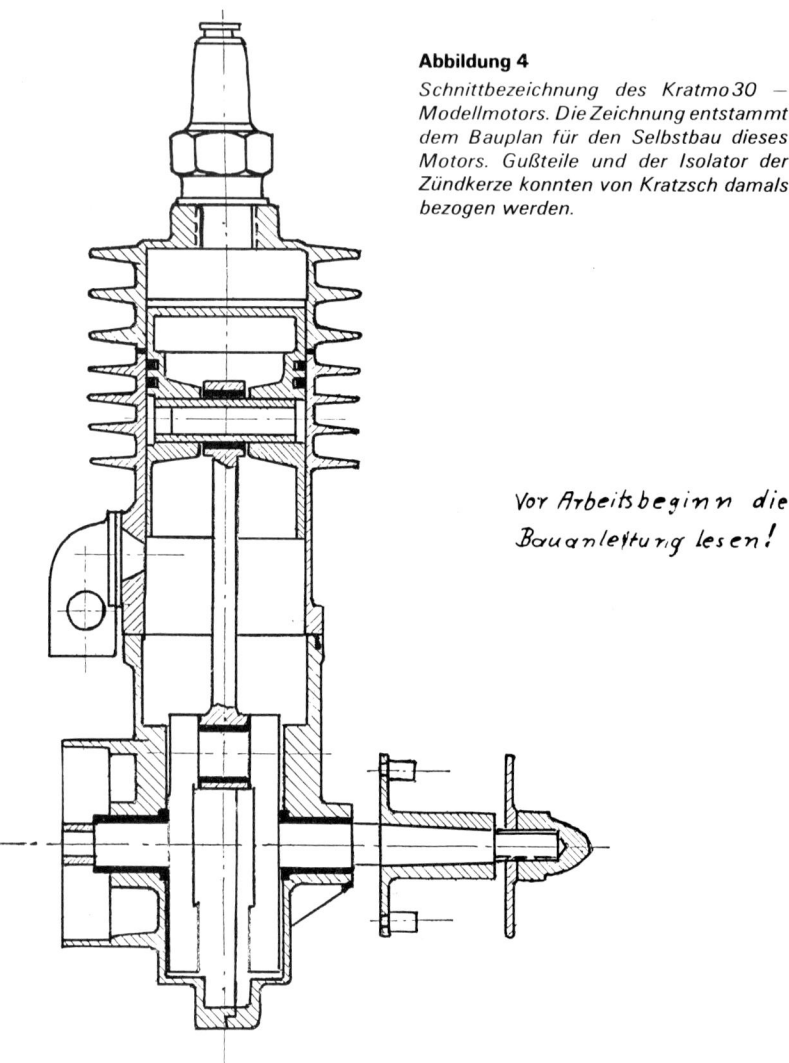

Abbildung 4
Schnittbezeichnung des Kratmo 30 – Modellmotors. Die Zeichnung entstammt dem Bauplan für den Selbstbau dieses Motors. Gußteile und der Isolator der Zündkerze konnten von Kratzsch damals bezogen werden.

Vor Arbeitsbeginn die Bauanleitung lesen!

Alle Rechte vorbehalten! Nachdruck des Bauplanes, sowie gewerbliche Herstellung des Motor's untersagt.

Bauplan vom Kratzsch-Motor F30B
Viele Flüge und Recorde wurden damit erflogen. (Strecken bis 110 Km)

Abbildung 5

Der KRATMO 30 — Modellmotor war wohl der erste in kleiner Serie industriemäßig gebaute Modellmotor in Deutschland. Die Abbildung zeigt den Typ F 30B mit 29 ccm — Hubraum. Die Bohrung betrug 32 mm, der Hub 36 mm. Als Höchstleistung wurde 0,65 PS bei 4 500 U/min angegeben, das Gewicht des Motors ohne Zündanlage betrug ca. 600 gr.

Foto: Industriefotografie/Kirchheim

heute häufig angewendete Bauweise der Modellmotoren schon auf. Es war ein Einzylinder-Zweitakt-Motor mit Luftkühlung und 10 ccm Hubraum und einer Kurbelwelle mit nur einer Kurbelwange und daher einseitig frei zugänglichem Kurbelzapfen. Dadurch konnte auf eine Zweiteilung der unteren Pleuellager verzichtet werden. Die Spülung wurde über Schlitze im Zylinder ebenso wie die Ansaugöffnung vom Kolben gesteuert, die Zündung war eine batteriebetriebene Funkenzündung mit Unterbrecher und Zündkerze.

Abbildung 6
Eine andere Ansicht des Modellmotors KRATMO Typ F 30B. Gut sichtbar ist der Unterbrecherkontakt im hinteren Gehäusedeckel des Motors. Als Zündkerze wurde eine Bosch-Zündkerze mit 12 mm Kerzengewinde verwendet.

Foto: Industriefotografie/Kirchheim

Im Jahre 1934 erschien in Deutschland ein ähnlich aufgebauter Einzylinder-Zweitaktmotor mit 30 ccm Hubraum und 0,65 PS Leistung bei 4500 U/min. Auch dieser Modellmotor hatte eine Batteriezündanlage. Der Motor war vom Hersteller Kratzsch in Gößnitz speziell als Antriebsmotor für Flugmodelle entwickelt worden. Bis zum Jahre 1937 entstanden noch weitere Modellverbrennungsmotoren bei Kratzsch, die in kleinen Serien gebaut wurden. Ein Motor mit

10 ccm Hubraum, Bohrung/Hub 22/26 mm und 0,35 PS bei 6000 U/min und ein 4-ccm-Hubraum-Modellmotor mit 0,15 PS bei 6000 U/min. Für diese Modellmotoren führte sich der Handelsname „Kratmo" ein, und auf Wettbewerben für Flugmodelle wurden bis zum zweiten Weltkrieg fast ausschließlich diese „Kratmo"-Modellmotoren geflogen. Die „Kratmo"-Motoren konnten auch im Selbstbau hergestellt werden, da Rohgußteile und Teile der Zündanlage erhältlich waren.

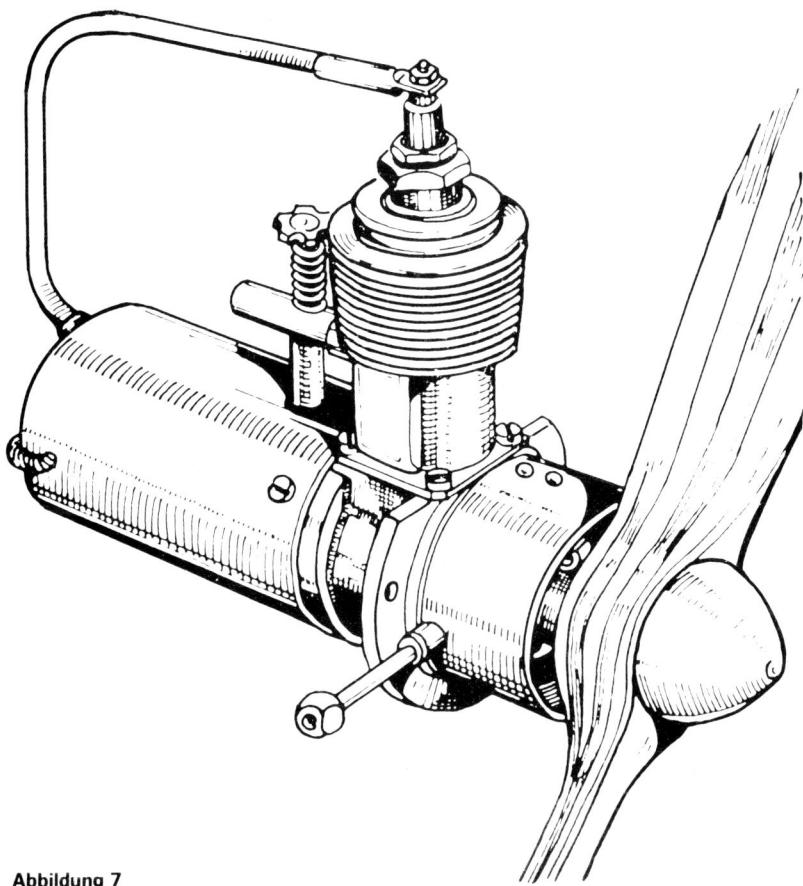

Abbildung 7
Die Abbildung zeigt nach alten Prospektunterlagen einen KRATMO — 4 ccm — Modellmotor aus dem Jahre 1938. Bei diesem Motor war der Tank hinten an den Motor angeflanscht. Die Verlängerung des Tankes enthielt die Zündspule. Die Zündkerze war eine Sonderentwicklung von Kratzsch. Für Bastler wurde damals der Specksteinisolator der Kerze einzeln verkauft. Technische Daten des KRATMO — 4 ccm — Modellmotors: Bohrung 18 mm, Hub 16 mm, Leistung ca. 0,15 PS bei 6000 U/min. Ähnlich aufgebaut und aussehend waren die anderen Kratmomotoren mit 10 ccm und 30 ccm Hubraum.

Foto: Industriefotografie/Kirchheim

Abbildung 8
Felgiebel — Modellmotor Typ FG — II. Dieser Modellmotor war ein Selbstbaumotor und wurde nicht industriell gefertigt. Der Motor hatte 26 mm Bohrung, 27 mm Hub und damit 14,3 ccm Hubraum. Die Leistung wurde mit 0,32 PS bei 4500 U/min und 0,45 PS bei 6000 U/min angegeben. Das Gewicht betrug 480 gr.

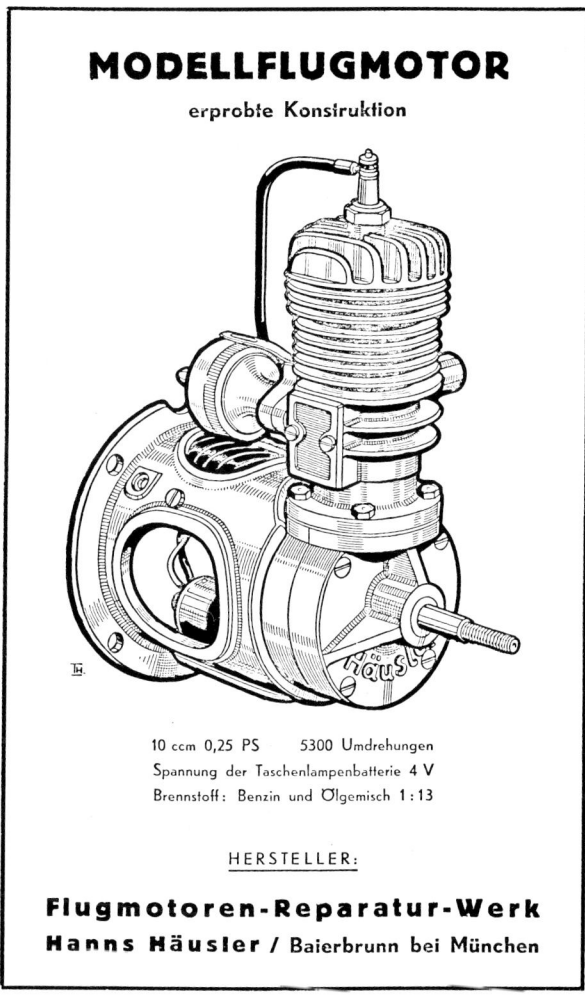

Abbildung 9
Prospekt von dem ehemaligen Häuslermotor. Dieser Motor hatte einen hinten liegenden in einem Gehäuse geschützt eingebauten Unterbrecher. Der Motor war zu seiner Zeit einer der leistungsfähigsten.

Durch die Erfolge dieser Modellmotoren und wegen des großen Interesses an verbrennungsmotorgetriebenen Flugmodellen entstanden weitere Modellmotorentypen in Deutschland. Bekannt wurden die „Eisfeld"-Motoren, die „Argus"- „Ortus"- und „Häusler"-Motoren. Für den Bastler und Selbstbauer schrieb Ing. A. Felgiebel 1939 ein Buch über „Benzinmotoren für Flugmodelle und ihr Selbstbau".

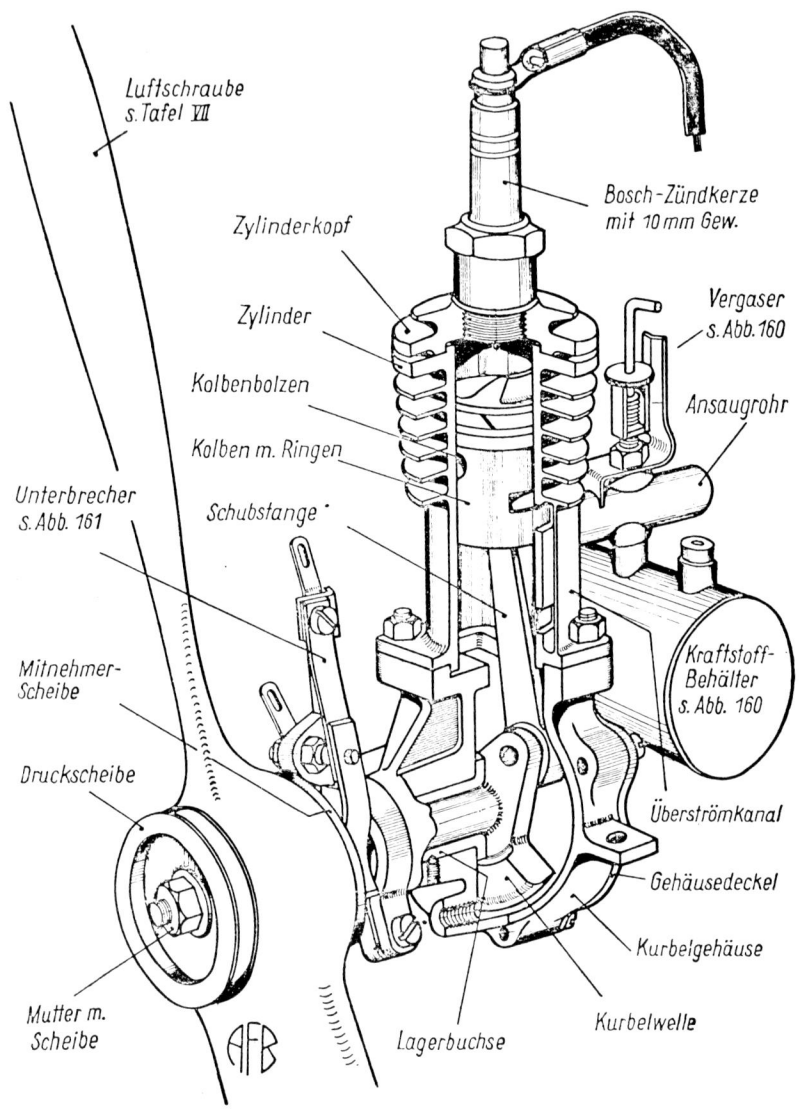

Abbildung 10
Schnittdarstellung des Selbstbaumotors von Ing. A. Feigiebei in seinem Buch über Modellmotoren und deren Selbstbau.

Bis zum Kriege nahmen die Teilnehmerzahlen an Flugmodellwettbewerben für Flugmodelle mit Verbrennungsmotoren erheblich zu.

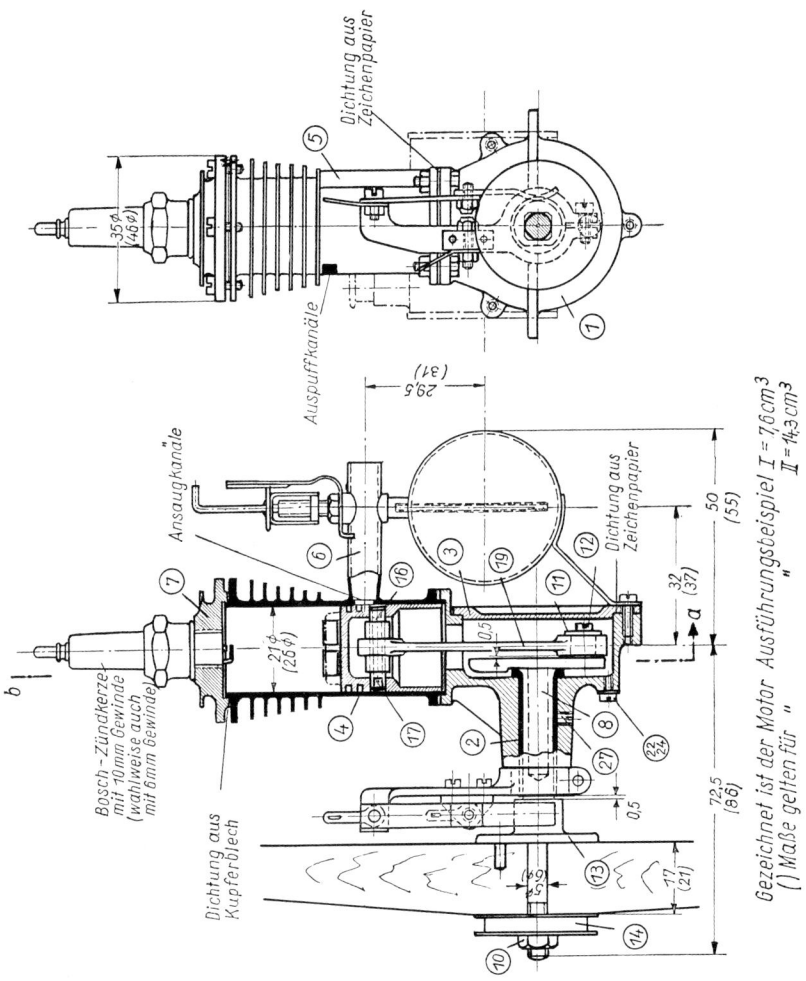

Abbildung 11
Schnittzeichnung mit Maßen für den Selbstbaumotor aus dem Buch von Ing. A. Felgiebel.

Die weitere Entwicklung der Modellverbrennungsmotoren mußte zwangsläufig auf Betriebssicherheit, leichtes Anspringen und gute Leistungsausbeute gerichtet sein, denn der Preßluftmotor hatte all diese Eigenschaften. Der Nachteil des Preßluftmotors war, daß nach wenigen Minuten der Energiespeicher Preßluftflasche leer war und der Motor stehen blieb sowie das große Einbauvolumen für die Preßluftflasche.

Betriebsanleitung für den  Modell-Flugmotor Nr. 245

D. R. G. M.

Einbau: Der Motor ist in geeignetem Ständer im Flugzeug festzuschrauben. Den Betriebsstoffbehälter so anordnen, daß das Gefälle von der Unterkante des Behälters bis zur Vergasernadel V 2 cm beträgt.

Zündanlage: Zündanlage ist nach nebenstehender, schematischer Skizze zu verlegen. Kabelenden verlöten. Als Stromquelle verwendet man am besten einen Accumulator (4 Volt) zum Anwerfen und Warmlaufen. Zum Fliegen wird vor dem Start auf die Taschenlampenbatterie umgeschaltet.

Betriebsstoff: Man verwende ein Öl-Benzin-Gemisch von 1 : 15 (100 Teile Benzin und 7 Teile Öl). Nur gutes Kraftfahrzeugöl verwenden.

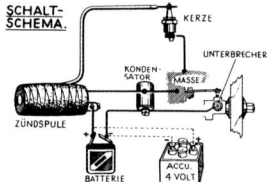

Inbetriebsetzung:

1) Überzeugen ob an der Zündkerze Funke vorhanden ist.
2) Vergasernadel V 2 3/4 Umdrehungen öffnen. Kennmarke beachten.
3) Luftschraube einige Male (Motor von vorne gesehen) nach links drehen bis Benzin angesaugt wird. Mit dem Finger Luftansaugöffnung kurz zuhalten.
4) Luftschraube auf Kompression stellen und dann mit kräftigem Schlag nach links drehen, daß der Kolben wenigstens zweimal die Kompression überwindet.
5) Vergasernadel V regulieren bis Motor auf höchster Tourenzahl gleichmäßig läuft.
6) Sollte der Motor zuviel Benzin bekommen haben, so ist die Vergasernadel V nach rechts zu schließen und die Luftschraube durchzudrehen, bis Zündung erfolgt.

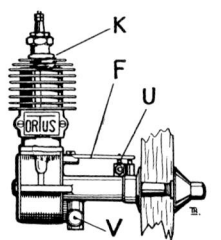

Luftschraube: Zur Anwerferleichterung soll, nachdem die Achse auf Kompression gestellt worden ist, der obere Flügel der Luftschraube die Senkrechte nach links um ca. 25 Grad überschreiten.

Störungen: Zündkerze darf nicht veröelt oder naß sein. Immer rechtzeitig reinigen. Elektrodenabstand soll 0,5 mm betragen. Unterbrecher U reinhalten. Kontaktabstand soll in geöffneter Stellung 0,4 mm sein. Bei eventueller Abnahme der Feder F deren Spannung berücksichtigen. Durch Unreinigkeiten im Betriebsstoff kann Düse verstopft sein, dann Vergasernadel V herausschrauben und mit Borste oder durch kräftiges Durchblasen reinigen. Es ist darauf zu achten, daß die Markierung am Motor mit der Kerbe am Düsenstock übereinstimmt.

Daten des „ORTUS" Modell-Flugmotors:

Zylinder aus Leichtmetall mit eingezogener Laufbüchse
Bohrung: 19 mm, Hub: 20 mm, Zylinderinhalt: 6 ccm
Leistung: 1/6 PS bei 4400 Umdrehungen.

„ORTUS" Flug-Motorenbau

Oswald Ried   München-Pasing, Schlageterplatz 3

Abbildung 12
Betriebsanleitung des ORTUS-Motors.

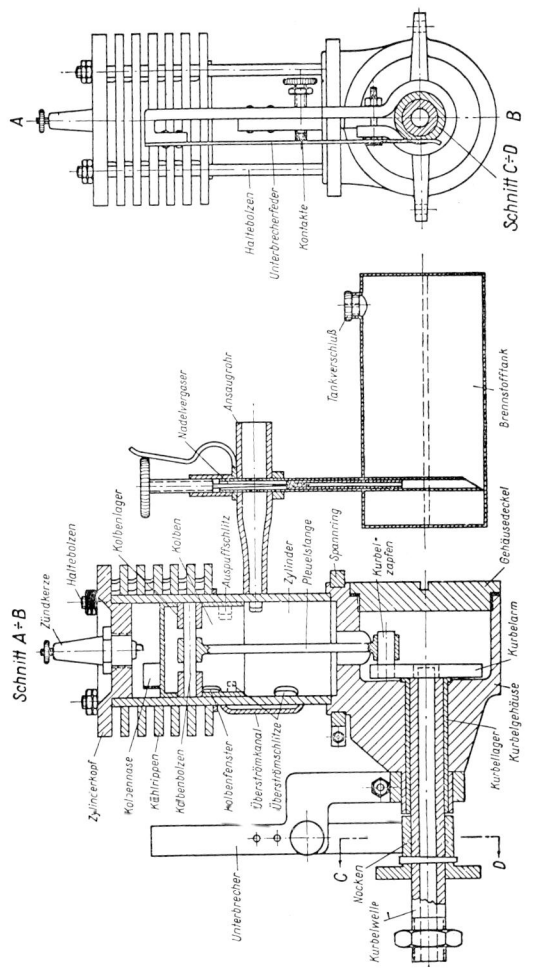

Abbildung 13
Schnittzeichnung durch den THALER-Modellmotor. Dieser Motor wurde vorwiegend im Selbstbau hergestellt.

Der schwache Punkt beim damals bekannten Modellmotor war die Zündanlage. Daher begann 1940 in den USA Ray Arden mit der Entwicklung eines Modellmotors ohne Funkenzündung. Er versuchte die anfällige und schwere Zündanlage durch Einsetzen einer glühenden Drahtspirale in den Zylinderkopf der Modellmotoren zu ersetzen. Durch Anschluß dieser Drahtspirale an eine Batterie glühte diese ähnlich der Glühwendel einer Glühlampe auf, und der Motor zündete bei Verdichtung des Kraftstoffgemischs im Zylinder. Auch nach Abschalten des Batteriestroms lief der Motor weiter. Der „Glühkerzenmotor" mit ungesteuerter Zündung war geschaffen. Diese Modellmotorenart sollte sich aber erst 20 Jahre später allgemein durchsetzen, denn um das Jahr 1941 erfand ein Schweizer Mechaniker den „zündstromfreien Modellmotor". Dieser Motor zündete das Kraftstoffgemisch durch eine hohe Verdichtung und der daraus entstehenden starken Erwärmung des Kraftstoffgemischs. Die Ähnlichkeit der Zündung, nur durch Kompressionserwärmung wie beim Dieselmotor, gaben dieser Motorenart den Namen „Modelldieselmotor". Dieser Motor ist aber kein richtiger Dieselmotor, da er Gemisch ansaugt und bis zur Selbstzündung im Verdichtungstakt erwärmt und nicht wie der Dieselmotor der Technik den Kraftstoff in verdichtete Luft im Zylinder einspritzt.

Erstaunlich war die Leistungsausbeute dieser Modelldieselmotoren. Der erste Motor dieser Art, der „Dyno 1", erreichte mit 2,4 ccm Hubraum eine Leistung von 1/10 PS bei 8000 U/min. Dieser Motor war wesentlich leichter als die bis dahin üblichen Modellmotoren mit Funkenzündung, sprang zuverlässig an und lief problemlos, dazu konnte noch durch eine Verstellvorrichtung im Zylinderkopf die Verdichtung geändert werden, und es war so auf einfache Weise eine Leistungsänderung möglich. Das Erscheinen der Modelldieselmotoren oder auch Vergaserdieselmotoren oder Selbstzünder genannt, brachte das Ende der Verwendung von Modellmotoren mit Funkenzündung in Europa. Die Modellmotoren mit Funkenzündung, die den zweiten Weltkrieg überstanden, wurden nach dem Krieg von Bastlern auf Glühzündung nach dem Prinzip von Ray Arden umgebaut und dienten vereinzelt zum Antrieb von großen Flugmodellen und der ersten funkferngesteuerten Flugmodelle.

Während des Krieges entstanden noch die Modelldieselmotoren von „Eisfeld" und eine ganze Motorenbaureihe von „Kratmo"-Dieseln mit 0,3, 0,6, 1,25, 2.5 und 6,0 ccm Hubraum. Diese Kratmo-Diesel ergaben erstaunliche Leistungsausbeute bezogen auf den Hubraum. 50 PS/Liter aus einem nicht aufgeladenen Zweitaktmotor war für den damaligen Stand des Großmotorenbaues schon eine Hubraumleistung von der Rennmotorenbauer träumten.

In den Nachkriegsjahren setzten diese Kratmo-Diesel-Modellmotoren die Maßstäbe für die Leistung der Modellmotoren. Sie konnten in kleinen Serien nicht zu günstigen Preisen hergestellt werden, so daß erst nach der Einführung des sogenannten Fesselflugs aus den USA in Europa ein größerer Markt für Modellmotoren sich auftat und damit Modellmotoren billiger in größeren Serien von 1 000 bis 2 000 Stück/Monat gebaut werden konnten.

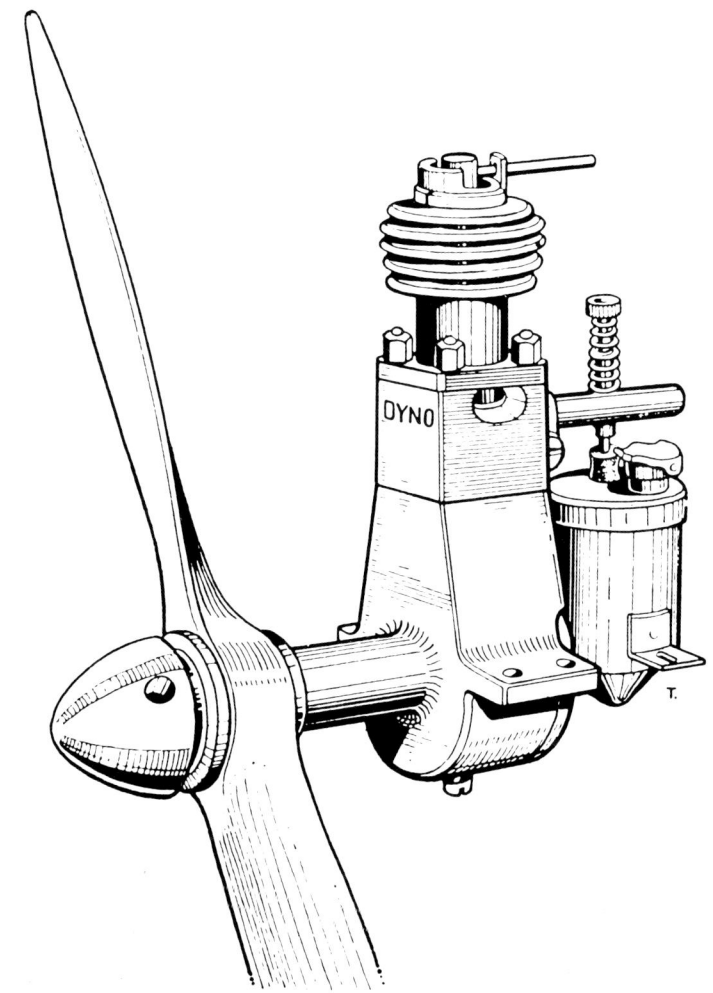

Abbildung 14

Der erste in der Schweiz von einem Mechaniker erfundene Modell-Selbstzündermotor, der heute auch eigentlich zu Unrecht Modelldieselmotor genannt wird. Dieser Motor brachte um 1942 eine Revolution im Modellmotorenbau. Der DYNO-Modelldieselmotor saugte Kraftstoff-Luftgemisch an und zündete nur durch die hohe Kompression. Die Kompression war über einen durch eine Schraube im Zylinderkopf verschiebbaren Gegenkolben optimal einstellbar. Die Leistung des knapp 2,5 ccm Hubraum haben den Motors war ca. 0,1 PS bei 7500 U/min. Das Leistungsgewicht dieses Motors war wesentlich günstiger, als das der Modellmotoren mit Funkenzündung.

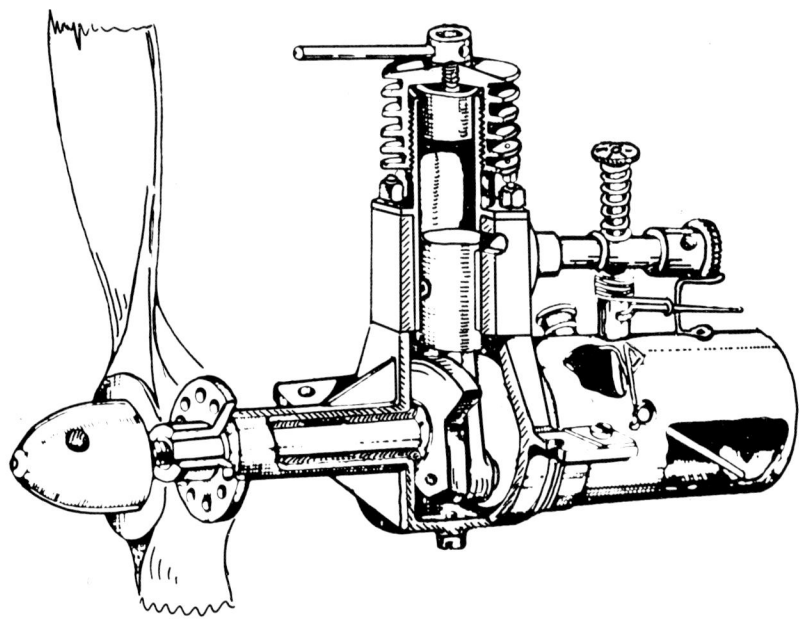

Abbildung 15

Ein typischer „Diesel-Modellmotor" aus dem Jahre 1942–1943 ist der EISFELD-Motor. Diese Motoren wurden in kleinen Serien gebaut. Bekannt sind eine 2,5 ccm und eine 6 ccm Version. Der Gegenkolben zur Kompressionsverstellung wurde bei diesem Motor durch Drehen der Kühlrippen verschoben. Der übrige Aufbau des Motors ist schon recht modern und entspricht in vielen Punkten den heute gebauten Motoren.

In den USA verlief die Entwicklung etwas anders. Hier fand der Modelldieselmotor, so bestechend einfach er auch war, keinen großen Markt. Der Glühkerzenmotor hatte keine verstellbare Verdichtung und daher eine Fehlerquelle bei der Handhabung weniger. In den USA begann der Siegeszug des Glühkerzen-Modellmotors. Diese Motoren konnten wegen des kleineren Drucks im Zylinder gewichtsmäßig leichter gebaut werden und erforderten nicht eine sorgfältige Einpassung von Zylinder und Kolben aufeinander, wie die Modelldieselmotoren. Bei kleinen Hubraumgrößen war allerdings die Leistungsausbeute und der Kraftstoffverbrauch bei Modelldieselmotoren günstiger als bei Glühkerzenmotoren, so daß der Modelldieselmotor in Europa, wo die Bestimmungen für die Wettbewerbsklassen der Freiflugmodelle gerade kleine Hochleistungsmotoren erforderten, mehr verwendet wurde. Heute werden nur noch wenig Modelldieselmotoren gebaut und verwendet.

Mit der Schaffung von kleinen elektronischen Bauteilen, wie Transistoren und Integrierten Schaltkreisen, wurde die Herstellung von kleinen, leichten und unempfindlichen Funkfernsteuerungen möglich. Die Antriebsmotoren für derartige ferngesteuerte Modelle erforderten einen vibrationsfrei laufenden Motor, der in der Drehzahl und Leistung leicht regelbar sein sollte. Diese Forderungen erfüllte der Glühkerzenmotor, der einen Vergaser mit Drosseleinrichtung hat. Es setzte um 1960 nach dem vorangegangenen Ansteigen der Herstellungszahlen von Modellmotoren für Fesselflugmodelle mit 2,5—5 ccm Hubraum, ein Ansteigen der Modellmotorenproduktion für Motoren 5—10 ccm Hubraum ein. Diese Motoren wurden immer noch verfeinert — bekamen Doppelzündungen, komplizierte Vergaser und wurden mit Schalldämpfungseinrichtungen versehen. Daneben werden Motoren mit 0,8 bis 1,6 ccm Hubraum als Hochstarthilfen für ferngesteuerte Segelflugmodelle verwendet. Der Modellmotor ist heute ein ausgereiftes, technisch hochinteressantes und zuverlässiges Antriebsaggregat.

Im Jahre 1967 erschien der erste in Serie gebaute Drehkolbenmotor nach dem System NSU-Wankel. Dieser Drehkolbenmotor läuft als Glühzünder sehr hochtourig und fast vibrationsfrei. Allerdings ist die Hubraumleistung dieses Wankelmotors noch nicht ganz so hoch, wie die der Hubkolbenmotoren. Diese Entwicklung eines Modellmotors mit Rotationskolben wird leistungsmäßig kaum den Hubkolbenmotor übertreffen, hat aber Vorteile bezüglich der Laufruhe und der Möglichkeit zur guten Dämpfung des Auspuffgeräusches.

Abbildung 16
Auf dieser Abbildung begegnen sich gestern und morgen. Links ist ein EISFELD-Benzinmotor aus dem Jahre 1940 mit 4,0 ccm abgebildet. Rechts ist der erste in Serie gebaute Rotationskolbenmotor für Flugmodelle, der Graupner-Wankel abgebildet. Der Eisfeldmotor erbrachte, wenn er mal lief und nicht wegen verölten Unterbrecherkontakten stehen blieb, eine Leistung von 0,1 PS bei 7000 U/min. Der Wankelmotor bringt mit einem Kammervolumen von knapp 5,0 ccm bei 15000 U/min um 0,4 PS.

1.3. Einteilung der Motoren

Die Modellverbrennungsmotoren werden in drei Gruppen eingeteilt, je nach der Art der Zündung:

1. Motoren mit Fremdzündung durch eine Zündkerze. Als Kraftstoff verwenden diese Motoren Benzin, deshalb werden sie auch „Benzinmotoren" genannt.

2. Motoren mit ungesteuerter Zündung. Die Einleitung der Verbrennung im Motor geschieht durch eine glühende Drahtwendel in einer sogenannten Glühkerze. Diese Motoren werden daher auch „Glühzünder-Motoren" genannt.

3. Motoren mit Selbstzündung des Gemischs. Durch die starke Erwärmung des Kraftstoff-Luft-Gemischs bei der Verdichtung zündet das Gemisch explosionsartig. Da hier eine gewisse Ähnlichkeit zu einem Dieselmotor besteht, werden diese Motoren auch „Modelldieselmotoren" genannt.

Eine weitere Einteilung der Modellmotoren erfolgt nach der Anzahl der Arbeitstakte. Es gibt vor allem schlitzgesteuerte Zweitaktmotoren und ganz selten 4-Takt-Motoren. Doch schauen wir uns einmal die Vorgänge in einem solchen Kleinverbrennungsmotor an:

1.4. Funktion – ganz einfach

Modellmotoren sind Verbrennungskraftmaschinen, genau wie jeder Automotor oder Kolbenflugmotor. Unter Verbrennungskraftmaschinen versteht man allgemein eine Maschine in der ein Kraftstoff-Luft-Gemisch in einem abgeschlossenen Raum verbrennt und dabei Arbeit gewonnen wird. Dieser Verbrennungsvorgang geschieht bei Modellmotoren periodisch, quasi taktweise. Takt hat hier nichts mit gutem Benehmen zu tun, man versteht unter Takt bei einem Hubkolbenmotor die Zeit, die der Kolben von seiner untersten bis zur obersten Stellung im Zylinder oder umgekehrt, benötigt. Zu jeder Umdrehung der Kurbelwelle gehören beim Hubkolbenmotor zwei Takte. Da die Modellmotoren Zweitakt-Motoren sind, wiederholt sich jeder Verbrennungsvorgang bei jeder Umdrehung der Kurbelwelle. Bei einem Viertakthubkolbenmotor wiederholt sich ein Verbrennungsvorgang nach jeder zweiten Kurbelwellenumdrehung.

Bei einem Viertaktmotor sieht der Arbeitsablauf und die Funktion der einzelnen Takte so aus:

1. Takt: Das Einlaßventil öffnet sich, der Kolben geht nach unten. Es wird Luft und Kraftstoff als Gasgemisch angesaugt.

2. Takt: Das Einlaßventil schließt sich, der Kolben geht durch die im Schwungrad gespeicherte Energie nach oben. Das Gasgemisch wird verdichtet bzw. komprimiert.

3. Takt: In der Nähe der obersten Kolbenanlage wird das Gemisch durch einen elektrischen Funken entzündet. Das Gemisch verbrennt und da sich dabei das Gas stark erwärmt und ausdehnen möchte, wird der Kolben nach unten gedrückt. An der Kurbelwelle kann Arbeit abgenommen werden.

4. Takt: In der untersten Kolbenlage öffnet sich das Auslaßventil, der Kolben wird wieder durch die im Schwungrad gespeicherte Energie nach oben gehoben und das verbrannte Gas über das Auslaßventil in den Auspuff geschoben.

Das Spiel beginnt wieder von vorne bei Takt 1. Der ganze Vorgang hört sich schon so umständlich an, wie die ganze Konstruktion derartiger Viertaktverbrennungsmotoren auch ist. Außer dem Zylinder, der Kurbelwelle, dem Kolben und dem Schwungrad braucht man noch Zahnräder, über die die Nockenwelle angetrieben wird. Nocken, Ventile und Ventilfedern, Umlenkhebel und Stößel, also eine Unmenge von Mechanismen nur zum Öffnen und Schließen der Ansaugöffnung und des Auspuffkanals. Das Zündsystem mit Zündkerze und Unterbrecher kommt bei Benzinmotoren noch hinzu.

Mit wesentlich weniger bewegten Teilen kommt der Zweitaktmotor aus. Hier gibt es keine Ventile und deshalb auch keinen komplizierten Mechanismus, um diese zu öffnen und zu schließen. Der Kolben öffnet und verdeckt bei seiner Auf- und Abwärtsbewegung im Zylinder Schlitze, durch welche Frischgasmischung und Abgas ein- oder abströmen. Üblicherweise sind diese Schlitze, auch Spülschlitze genannt, voll geöffnet, wenn der Kolben ganz unten in seinem unteren Totpunkt steht. Das Kurbelgehäuse, in dem sich die Hubkurbel und der Pleuel befindet, ist bei einem Zweitaktmotor gasdicht abgeschlossen. Über ein ungesteuertes Ventil oder einen Drehschieber an der Kurbelwelle, oder durch einen Schlitz im Zylinder, strömt vom Vergaser Kraftstoff-Luft-Gemisch in das Kurbelgehäuse ein. Bei der Bewegung des Kolbens im Zylinder nach oben wird das Kurbelgehäusevolumen vergrößert und daher das Gasgemisch angesaugt. Geht der Kolben wieder nach unten, so schließt sich die Ansaugöffnung und das angesaugte Gasgemisch kann nicht mehr in den Vergaser zurückströmen. Es wird verdichtet. Auf seinem Weg im Zylinder nach unten öffnet der Kolben zuerst die Auspufföffnung und dann den sogenannten Überströmschlitz. Das im Kurbelgehäuse vorverdichtete Gemisch kann über einen

Kanal und darin durch den Überströmschlitz in den Zylinder einströmen. Dabei verdrängt das Frischgasgemisch das verbrannte Gas aus der vorangegangenen Verbrennung, das aus dem Auspuff ausströmt. Geht der Kolben wieder nach oben, werden die Überström- und Auspuffschlitze geschlossen, und das Gemisch wird komprimiert. Es erfolgt im oberen Totpunkt des Kolbens die Zündung, der Kolben wird durch den Verbrennungsvorgang abwärts gedrückt und an der Kurbelwelle kann Arbeit abgewonnen werden. Der Kolben gibt kurz vor Erreichen der untersten Stellung, dem unteren Totpunkt der Bewegung, die Spülschlitze wieder frei. Es pufft das verbrannte Gas aus, und nach Öffnen des Überströmkanals gelangt frisches Gasgemisch, das im Kurbelgehäuse vorverdichtet wurde, in den Zylinder ein.

Der Nachteil des Zweitaktmotors ist, daß das Gas nicht vollständig gewechselt wird, es bleibt immer ein Anteil verbrannten Gases im Zylinder zurück, und es geht auch leider ein Teil frischen Gasgemischs unverbrannt über den Auspuffschlitz verloren. Die Konstruktion und die Entwicklung eines Zweitaktmotors wird dadurch zu einer Aufgabe für einen Spezialisten auf dem Gebiet der Gasströmung.

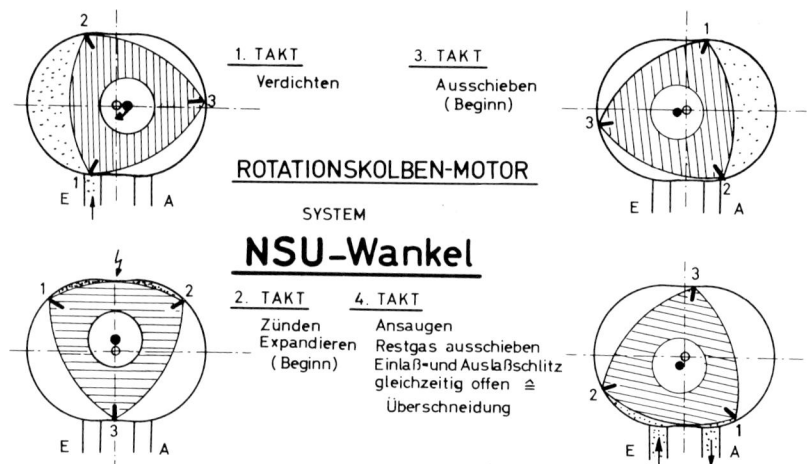

Abbildung 17

Rotationskolbenmotor nach dem System NSU-Wankel. Dieser Motor wird von der Japanischen Firma OGAWA, bekannt unter dem Namen OS in Lizenz von NSU gefertigt. Bei einem Kammervolumen von 5 ccm leistet der Motor ca. 0,5 PS bei 14 000 U/min. Bemerkenswert ist die große Laufruhe des Motors, da der Wankelmotor durch rotierende Gegengewichte vollständig ausgewuchtet werden kann. Der Wankelmotor ist ein Viertaktmotor.

Der Vorteil des Zweitaktmotors ist seine mechanische Einfachheit und Robustheit. Er ist der gewichtmäßig leichteste Verbrennungsmotor in der Größe und Leistung, wie er für den Antrieb von Modellen benötigt wird.

Als Viertaktmotor arbeitet der Rotationskolbenmotor nach dem System NSU-Wankel, den es auch als Kleinstverbrennungsmotor für den Antrieb von Modellen gibt. Diese Motorenbauart gestattet, ein Viertaktverfahren ohne Ventile durchzuführen. Der bisher einzige derartige in Serie gebaute Modellmotor zündet je Kurbelwellenumdrehung einmal und entspricht wenigstens in der Zündfolge einem Zweizylinder-Viertaktmotor. Der Aufwand an mechanischen Teilen ist bei diesem Rotationsmotor erträglich und, wenn man einen Zweizylinder-Viertaktmotor üblicher Bauart dagegenstellt, verblüffend einfach. Abb. 17.

Als Zweitaktmotor in Rotationskolbenbauart wäre der Verbrennungsmotor nach Huf zu nennen, der in einigen Versuchsexemplaren schon gelaufen ist. Doch hier steht man noch am Anfang einer Entwicklung. Abb. 18.

Fest steht heute schon, daß alle Rotationskolbenmotoren in der Baugröße von Modellmotoren, also mit weniger als 10 ccm Arbeitskammervolumen, schlechtere Kraftstoffausnutzung und Hubraumleistung haben als der Hubkolbenmotor. Der Massenausgleich ist bei diesen Rotationskolbenmotoren vollständig möglich, so daß die Laufruhe derartiger Motoren der bisher einzige Vorteil ist.

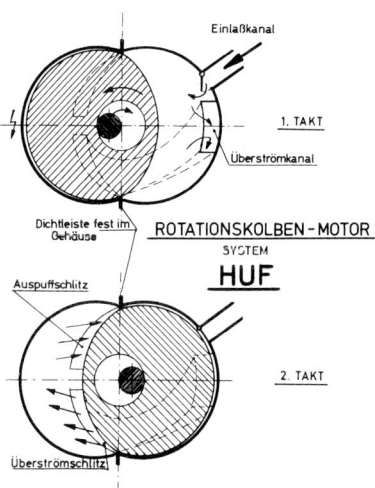

Abbildung 18

Ein Rotationskolbenmotor der nur im Zweitaktverfahren arbeiten kann ist der Motor nach HUF. Dieser Motor ist schwerer zum Auswuchten, mechanisch in der Kinematik aufwendiger und daher nur in Handmustern bisher hergestellt worden. Die Leistung ist aber wegen der ungünstigeren Brennraumform und der Steuerschlitze geringer als bei üblichen Hubkolbenmotoren. Kummer bereitet das Lager des Läufers auf dem Exzenter, das nur als Wälzlager funktionieren kann.

2. Allgemeiner Aufbau der Modellmotoren

2.1. Zylinderanordnung

Die Modellmotoren als Hubkolbenmotoren werden vorwiegend als Einzylindermotoren ausgeführt. Abb. 19. Bei dieser Motorenbauart ist der Ausgleich der hin- und hergehenden Kolbenmasse nicht vollständig möglich, wenigstens nicht mit erträglichem Aufwand. Bei einem Zweizylindermotor in Reihenanordnung oder als Boxermotor wird ein besserer Massenausgleich erreicht. Daher werden vereinzelt derartige Motoren gebaut. Diese Mehrzylinder-Modellmotoren schütteln weniger und sind laufruhiger als Einzylindermotoren, haben aber Nachteile als Glühzünder mit der zuverlässigen Zündung im Leerlauf. Abb. 20, Abb. 21, Abb. 22.

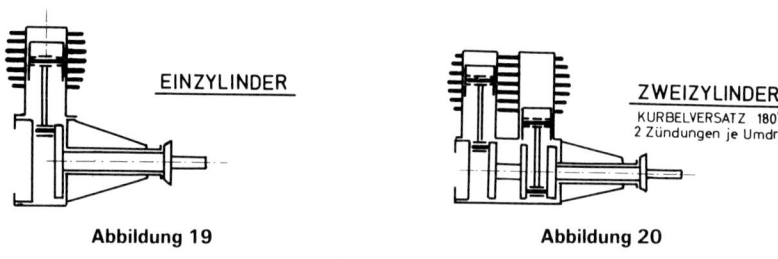

Abbildung 19   Abbildung 20

Der Zylinder wird ausschließlich senkrecht zur Antriebswelle angeordnet, da damit die Kraftübertragung vom Kolben auf die Antriebswelle durch ein einfaches Kurbelgetriebe möglich ist.

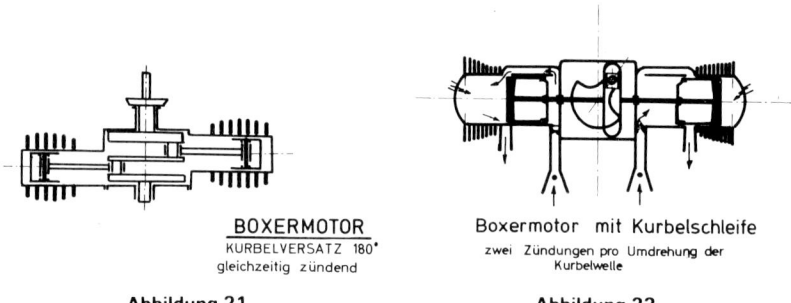

Abbildung 21   Abbildung 22

Es wurde auch schon der Versuch unternommen, den Zylinder parallel zur Antriebsachse anzuordnen und den Antriebsmechanismus über eine Taumelscheibe oder ein aufwendiges räumliches Gestänge vorzunehmen. Diese Bauart, so günstig auch die schlanke Motorenform für den Einbau in Flugmodellen wäre, hat sich nicht durchsetzen können. Abb. 23.

Abbildung 23

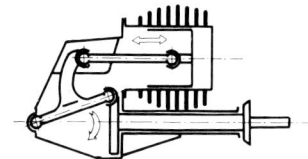

Schema eines Modellmotors mit parallel zur Abtriebswelle angeordnetem Zylinder und räumlichem Kurbeltrieb. Derartige Motoren liefen vibrationsarm

2.2. Spülungsarten

Bei den Zweitakt-Hubkolbenmotoren als Modellmotoren gibt es viele Spülungsarten. Üblicherweise wird vom Kolben das Öffnen der Auspuff- und Überströmschlitze bewerkstelligt. Die Ansaugöffnung wird teilweise vom Kolben geöffnet und verschlossen, häufiger aber wird ein Drehschieber an der Kurbelwelle angewendet.

Die Leistung und die vom Motor erreichte Höchstdrehzahl werden von der Güte der Spülung beeinflußt. Es sollte möglichst alles verbrannte Restgas aus dem Auspuffschlitz entweichen und der Zylinder sich wieder vollständig mit frischem Kraftstoff-Luft-Gemisch füllen. Das wäre die Optimalforderung. Leider ist dies nicht so einfach.

Es gelten auch bei Modellmotoren die Gesetze der Strömungsmechanik, nur sind hier die Verhältnisse noch schwieriger zu berechnen als bei größeren Motoren. Es gibt daher über den Spülwirkungsgrad und den Vor- und Nachteil der einzelnen Spülschlitzanordnungen nur empirische Angaben. Einige grundsätzliche Dinge zeigen sich dabei dennoch:

1. Der Auslaßquerschnitt sollte groß sein und den Zylinder möglichst weit umfassen.

2. Das Frischgas sollte durch die Form der Einströmschlitze oder durch Nasen oder geneigte Flächen am Kolben aufgerichtet werden und auf einer Zylinderwand sich abstützen oder anlehnen.

Wie im historischen Entwicklungsüberblick gezeigt, wurde zuerst eine Aufrichtung der Strömung durch einen Nasenkolben angewendet. Es entstand die auch heute noch verwendete „Querstromspülung". Abb. 24.

Querstromspülung
schematisch

Abbildung 24

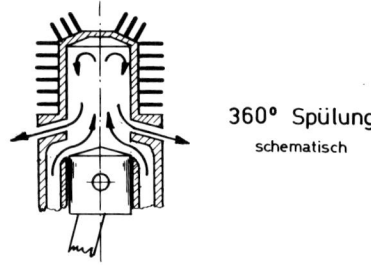

360° Spülung
schematisch

Abbildung 25

Diese Spülungsart ist einfach und ergibt bis zu 15 000 U/min für alle Hubraumgrößen befriedigende Ergebnisse. Das ausströmende Frischgas kann sich am Zylinder „anlehnen", die Strömung ist damit stabil. Der Leerlauf und Schalldämpferanbauten an den Motor machen daher kaum Schwierigkeiten. Bei der Querstromspülung wird nur jeweils ein kleiner Sektor des Zylinderumfangs für die Spülschlitzbreite verwendet, womit die Forderung 1 nicht ganz erfüllt ist. Eine andere Art der Spülschlitzanordnung ist die 360°-Spülung — mit kegeligem Kolben. Der Name dieser Spülungsart kommt daher, daß hierbei die Spülschlitze für Auspuff und Überströmen übereinander und auf dem ganzen Zylinderumfang angeordnet sind. Die Strömung wird durch den kegelförmigen Kolbenboden aufgerichtet. Abb. 25.

Der Spülstrom mitten im heißen Restgas des Zylinders ist strömungstechnisch nicht stabil. Daher reagiert diese Spülungsart empfindlich auf Schalldämpferanbauten. Auch bereitet ein stotterfreier Leerlauf Schwierigkeiten. Diese Spülungsart wurde für Modelldieselmotoren angewendet, heute ist diese Spülschlitzanordnung nur noch selten zu finden.

Aus der 360°-Spülung ist die Kreuzstromspülung abgeleitet. Hier sind zwei bis vier Auspuffschlitze vorhanden, und in den Stegen zwischen den Auspuffschlitzen enden die Überströmkanäle. Abb. 26—27.

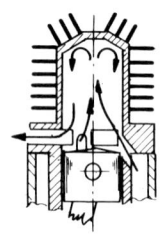

Kreuzstrom-Spülung

Variante I
schematisch

Abbildung 26

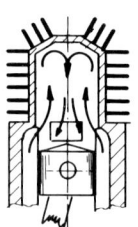

Variante II

Abbildung 27

Bei dieser Spülungsart gelingt es noch weniger, die Frischgaszuströmung und den Abgasstrom zu trennen. Es tritt eine Mischung beider Gasströme ein. Dennoch werden sehr leistungsfähige Modellmotoren mit 0,8 bis 1,5 ccm Hubraum heute noch mit dieser Spülschlitzanordnung gebaut. Der Hauptvorteil dieser Spülschlitzanordnung liegt auf fertigungstechnischem Gebiet. Ein Motor wird durch das überströmkanalfreie Kurbelgehäuse einfacher in der Herstellung.

Die heute bei Mopedmotoren bis zu den großen Schiffsdieselmotoren, mit Kolbendurchmesser von 1050 mm, angewendete Spülungsart ist die Umkehrspülung. Diese Spülungsart wird, nach dem Namen des Patentinhabers, Schnürle-Umkehr-Spülung genannt. Diese Spülungsart wird erstaunlicherweise bei Modellmotoren wenig angewendet, obwohl erste Mustermotoren mit einer derartigen Spülung deutlich bessere Leistungen und Regeleigenschaften zeigen.

Besonders leistungsfähig bei Vollgas und Leerlauf sowie unempfindlich auf Schalldämpferanlagen (in der Modellmotorengröße) ist eine Spülung, die die Querstromspülung mit der Umkehrspülung kombiniert, die sogenannte Dreikanal-Spülung.

Hierbei öffnet der Kolben zuerst den Auslaßschlitz, dann zwei oder mehrere Umkehr-Spülschlitze und dann erst einen Kanal gegenüber dem Auspuffschlitz. Dieser Kanal ist meist durch ein Fenster im Kolben mit dem Kurbelgehäuseraum verbunden, so daß auch das Frischgas, das sich unter dem Kolben befindet, in den Zylinder einströmen kann.

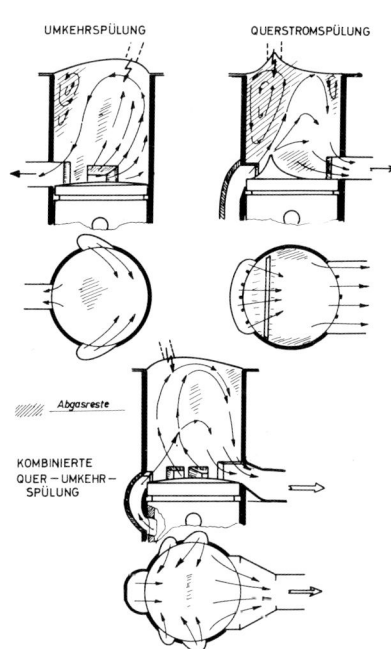

Abbildung 28

Dies sind die wichtigsten, prinzipiell verschiedenen Spülsysteme und Spülschlitzanordnungen. Die Spülvorgänge an einem Modellmotor sind sehr verwickelt, und nicht allein die Art der Spülschlitzanordnung entscheidet über die abgegebene Leistung und die Maximaldrehzahl. Ein wichtiger Faktor ist noch das Bohr-Hub-Verhältnis, da damit die Spülschlitzhöhe und Breite beeinflußt wird.

2.3. Das Bohrungs-Hub-Verhältnis

Der Durchmesser der Zylinderbohung in Millimeter und der gesamte Kolbenhub, ebenfalls in Millimeter, werden zueinander ins Verhältnis gesetzt. Wenn der Hub größer ist, als der Durchmesser der Zylinderbohrung, so spricht man von einem „Langhub-Motor", bei kleinerem Hub, als der Zylinderbohrungsdurchmesser, von einem „Kurzhub-Motor". Bei genau gleichem Bohrungsdurchmesser wie Hub nennt man das Bohrungs-Hub-Verhältnis quadratisch.

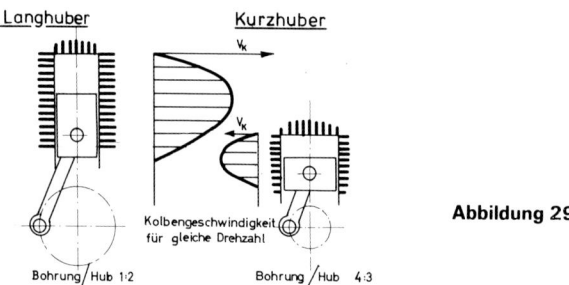

Abbildung 29

Aus Erfahrung ist bekannt, daß ein Kleinverbrennungsmotor als Langhuber ein größeres maximales Drehmoment abgibt als ein hubraumgleicher Kurzhub-Motor. Der Kurzhuber kann dagegen eine größere Drehzahl erreichen und ergibt auch meistens bei höheren Drehzahlen eine größere Leistung. Für dieses Verhalten spielen zwei Dinge eine Rolle: Die sogenannte Kolbengeschwindigkeit und die Spülschlitzhöhe.

Da bei einem Zweitaktmotor nur während bestimmter prozentualer Anteile des Kolbenhubs die Spülschlitze geöffnet sein sollten, wird bei einem extremen Kurzhuber der Spülschlitz sehr niedrig. Obwohl durch den größeren Zylinderdurchmesser die Schlitze auch breiter gemacht werden können und damit gleiche Schlitzquerschnitte erreicht werden, strömt durch solch breite und niedrige Schlitze nur schwerlich das Arbeitsgas. Es bilden sich vermehrt Wirbel, und man nennt diese Erscheinung bei den geringen Spülschlitzhöhen: Strömungswiderstand der Spülkanäle und Spülschlitze. Den geringsten Strömungswiderstand haben kreisrunde oder an den Ecken abgerundete quadratische Querschnitte. Diese optimalen Spülschlitzquerschnitte können bei Langhubermotoren leichter angewendet werden.

Bei den Modellmotoren wird häufig ein Bohrungs-Hub-Verhältnis von 1 : 1, also quadratisch angewendet. Es ist ein guter Kompromiß zwischen der Leistung bei hohen Drehzahlen und einem ausreichenden Drehmoment bei niedrigen Drehzahlen.

2.4. Die Pleuelstangenlänge.

Eine weitere wichtige Konstruktionsgröße ist die Pleuelstangenlänge eines Motors. Bei gegebenem Hub kann die Pleuelstangenlänge nicht kürzer als ein Minimalwert sein, da sonst der Kolbenbolzen auf die Kurbelwelle aufschlagen würde. Andererseits möchte man die Pleuelstange auch nicht zu lang machen, da dadurch das Kurbelgehäusevolumen zu groß würde. Ein zu großes Kurbelgehäuse würde aber eine zu schlechte Vorverdichtung, zu lange, strömungstechnisch verlustreiche, Spülkanäle und einen unförmig großen Motor ergeben. Allerdings kann man die Seitenkraft des Kolbens durch einen langen Pleuel reduzieren und damit die mechanischen Verluste aus der Kolbenreibung gering halten. Den gleichen Effekt erzielt man auch, wenn man den Zylinder etwas zur Kurbelwellenachse versetzt. Bei einigen besonders leistungsstarken Modellmotoren ist von einem Zylinderversatz Gebrauch gemacht worden.

Bei kleinen Modellmotoren wird häufig ein längerer Pleuel verwendet, wobei der Pleuel am oberen Ende eine Kugel hat und in einer Kugelpfanne am Kolbenboden eingenietet ist.

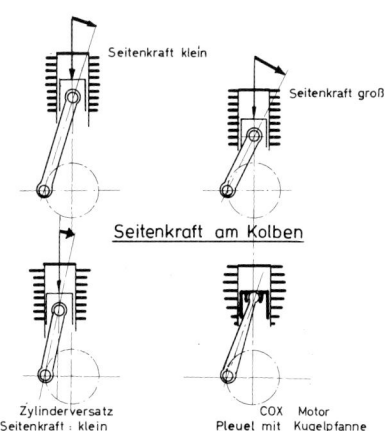

Abbildung 30 Zylinderversatz COX Motor
Seitenkraft : klein Pleuel mit Kugelpfanne

2.5. Die Steuerzeiten — Spülvorgänge

Die Steuerzeiten eines Zweitakt-Hubkolbenmotors sind die Öffnungszeiten der einzelnen Schlitze während einer Kurbelwellenumdrehung und die zeitliche Lage dieser Öffnungsperiode zueinander. Hier liegt häufig das Geheimnis, warum ein Modellmotor eine gute Leistung bei niedrigen Drehzahlen hat und ein anderer Motor nur über 10000 U/min zufriedenstellend läuft.

Die Berechnung des Spülvorgangs in einem Zweitaktmotor ist bei großen Motoren durchaus möglich, wobei man sich auf Meßwerte an Modellen in natürlicher Motorgröße stützt. Bei den Modellmotoren ist noch keine systematische Untersuchung des Spülvorgangs gemacht worden, und ein Übertragen von Meßergebnissen der Großmotoren auf Modellmotoren ist zu unsicher, auch wenn die Gesetze der Ähnlichkeitsmechanik und der Strömungs- und Grenzschichttheorien berücksichtigt werden.

Folgendes ist bisher an Modellmotoren bekannt:

Der Druck im Zylinder beim Öffnen des Auspuffschlitzes beträgt 3 bis 5 atü. Bei der kurzen Zeitspanne, die zwischen Öffnen des Auspuffschlitzes und des Überströmschlitzes bei den doch recht hochtourig laufenden Modellmotoren liegt, ist der Druck im Zylinder bei Öffnen des Überströmschlitzes noch nicht auf den Druck des vorverdichteten Gases im Kurbelgehäuse abgesunken. Es strömt daher zunächst verbranntes Gas über den Überströmkanal in das Kurbelgehäuse und erst später setzt eine Umkehr der Strömung im Überströmungskanal ein. Jetzt erst gelangt Frischgas in den Zylinder. Die Abgastemperaturen betragen bei Modellmotoren mit Glühzündung zwischen 400° C und 600° C je nach Motorgröße und Drehzahl. Höhere Werte bei hohen Drehzahlen und größeren Motoren. Niedere Werte bei Kraftstoffen mit Nitromethanzusatz.

Die Steuerzeiten kann man in Winkelgraden der Kurbelwellenumdrehung angeben, oder man gibt die Schlitzhöhe in Prozent des Kolbenhubes an. Folgende Werte sind bei Modellmotoren üblich:

Höhe der Auspuffschlitze	18—25 % vom Hub
Höhe der Überströmschlitze	12—20 % vom Hub
Schlitzbreite Auspuffschlitz	20—40 % vom Zylinderumfang
Schlitzbreite Überströmschlitz	30—40 % vom Zylinderumfang

Die Zuordnung der Öffnungszeiten des Ansaugkanals zwischen Vergaser und Kurbelgehäuse erfolgt zweckmäßigerweise in Winkelgraden der Kurbelwelle.

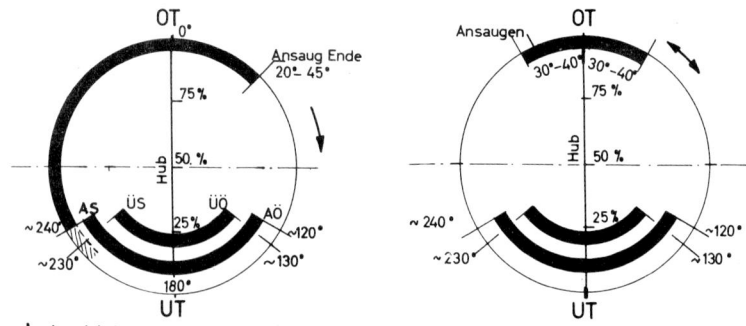

Abbildung 31 — drehschiebergesteuertes Ansaugen

Abbildung 32 — kolbengesteuertes Ansaugen

Bei einem Öffnen und Schließen des Ansaugkanals durch den Kolben ergeben sich symmetrische Ansaugsteuerzeiten. Diese Motorenbauart kann rechts und links herum bei gleicher Leistung die Kurbelwelle drehen lassen. Der Ansaugkanal wird 30° bis zu 45° vor OT geöffnet und ebenso nach OT wieder geschlossen. Früheres Öffnen und späteres Schließen gibt zwar ein längeres Öffnen des Ansaugkanals und es könnte mehr Gemisch einströmen und angesaugt werden, dafür wird aber durch das spätere Schließen auch niedriger im Kurbelgehäuse vorverdichtet, es kommt sogar in extremen Fällen zum Rückströmen des Frischgases in den Vergaser. Warum dieses Rückströmen bei dieser Ansaugschlitzsteuerung überhaupt gering bleibt, ist folgendermaßen zu erklären: Die im Ansaugrohr befindliche Gasmenge, man spricht von einer Gassäule, wird durch den im Kurbelgehäuse durch die Aufwärtsbewegung des Kolbens verursachten Unterdruck angesaugt. Die Gassäule bewegt sich in das Kurbelgehäuse mit zunehmender Geschwindigkeit hinein. Die Gassäule hat auch eine, wenn auch kleine träge Masse, genau wie ein Auto, und erst einmal in Bewegung gebracht, muß diese Bewegung durch Bremsen, quasi hier durch Gegendruck im Kurbelgehäuse, gestoppt werden. Das braucht einige Zeit, so daß das Frischgas in den Kurbelgehäuseraum noch einströmt, obgleich der wieder abwärts gehende Kolben schon das Kurbelgehäusevolumen verkleinert und das eingeströmte Frischgas verdichtet.

Der Drehwinkel der Kurbelwelle, den der Ansaugkanal nach dem oberen Totpunkt des Kolbens noch offen läßt, ist quasi der Bremsweg des angesaugten Frischgases.

Man könnte den „Bremsweg" und damit die eingeströmte Frischgasmenge auch dadurch vergrößern, indem man die träge Masse der Gassäule erhöht. Dies wird auch gemacht, dadurch daß man die Ansaugkanäle von der Düse des Vergasers bis zum Ansaugschlitz im Zylinder so lang macht, daß die Gassäule erst dann in ganzer Länge zur Ruhe gekommen ist, wenn der Kolben schon wieder den Ansaugschlitz öffnet. Da aber eine ganze Zeit ja der Kolben den Ansaugschlitz verschlossen hatte, die Gasmoleküle unmittelbar am Zylinder, also abrupt gestoppt werden, ähnlich wie die Stoßstange eines Autos, das auf eine Mauer auffährt, geben die weiter weg sich befindenden Gasteile, die sich ja noch bewegen, ein Zusammendrängen der Gasmoleküle vor der Öffnung des Schlitzes. Da die Übermittlung der Information: „Schlitz geschlossen, das Ganze Halt" mit Schallgeschwindigkeit erfolgt, ist die Abstimmung der optimalen Ansaugrohrlänge eng mit der Schallgeschwindigkeit des Frischgases zusammenhängend. Die Schallgeschwindigkeit wird etwas von der Art des Gases und stark von der Temperatur beeinflußt. Das System Ansaugkanal – Kurbelgehäuse ist, akustisch gesehen, eine Orgelpfeife. Diese Orgelpfeife kann man bei gegebenem Kurbelgehäusevolumen und durch die Länge des Rohres auf jeden beliebigen Ton oder jede Eigenschwingungszahl abstimmen. Aus Versuchen ist bekannt, daß die beste Abstimmung der Saugrohrlänge dann

Abstimmen der Saugrohrlänge

optimale Saugrohrlänge bei:

I. $\boxed{\dfrac{\nu \cdot \alpha_i}{6 \cdot n} = \dfrac{3}{4}}$

ν = Eigenfrequenz $(\tfrac{1}{s})$
n = Motordrehzahl (U/min)
α_i = Schlitzöffnungsdauer in Grad Kurbelwinkel

akustische Frequenz des Systemes:

II. $\boxed{\nu = \dfrac{c}{2\pi} \sqrt{\dfrac{f_i}{l_i \, V_i}}}$

c = Schallgeschwindigkeit [cm/s]
$\sim$ 30 000 cm/s
f_i = Ansaugquerschnitt [cm²]
l_i = wirksame Länge [cm]
V_m = Kurbelgehäusevolumen im Ansaugtakt (Mittelwert) [cm³]

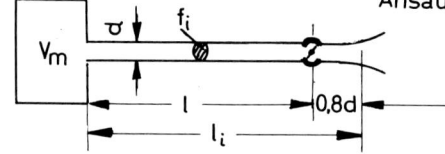

aus I + II folgt:

$\boxed{l_i = \dfrac{1}{800} \cdot \left[\dfrac{c \cdot \alpha_i}{n}\right]^2 \cdot \dfrac{f_i}{V_m}}$ [cm]

Liefergrad mit abgestimmtem Saugrohr:

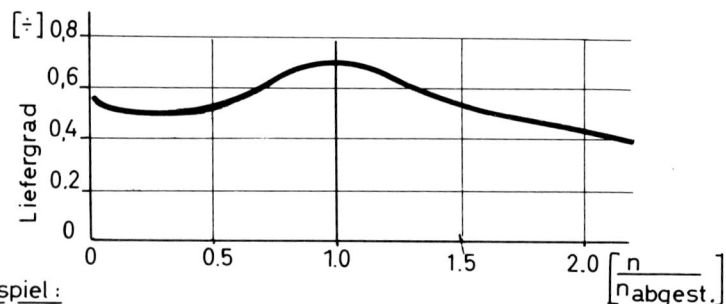

Beispiel:

Daten: 12 000 U/min
α_i = 100 °KW
f_i = 0,5 cm²
c = 30 000 cm/s
V_m = 15 ccm

$l_i = \dfrac{1}{800} \cdot \left[\dfrac{30\,000 \cdot 100}{12\,000}\right]^2 \cdot \dfrac{0{,}5}{15} = \underline{\underline{2{,}6\,\text{cm}}}$

Abbildung 33

gegeben ist, wenn drei Viertel der Eigenschwingungszahl des Systems Kurbelgehäuse — Ansaugrohrlänge die Öffnungszeit des Ansaugschlitzes ist. Dann stehen die Gasmoleküle gedrängt vor dem geschlossenen Ansaugschlitz, und es wird so beim Öffnen des Schlitzes optimal viel Gemisch angesaugt. Man nennt das Verhältnis von theoretischem Ansaugvolumen zu tatsächlich angesaugtem Volumen den Liefergrad.

Die Verbesserung des Liefergrades durch Abstimmen des Saugrohrs erfolgt dann, wenn der engste Ansaugquerschnitt im vorgeschalteten Vergaser größer als 40% des Rohrquerschnitts ist. Günstiger sind die Verhältnisse, wenn zur Steuerung des Ansaugschlitzes ein Drehschieber genommen wird. Hier lassen sich unsymmetrische Steuerdiagramme verwirklichen. Solche drehschiebergesteuerten Zweitaktmotoren laufen nur noch in einer Drehrichtung. Es kann zwar auch vorkommen, daß bei spätem Schließen des Drehschiebers nach OT des Kolbens auch ein solcher Motor schlecht und stotternd im entgegengesetzten Drehsinn läuft. Soll ein solcher Motor im entgegengesetzten Drehsinn laufen, so kann bei einigen Motoren der Ansaugstutzen umgesteckt werden oder der Drehschieber kann in eine andere Winkellage zum Kurbelzapfen gebracht werden. Abb. 34.

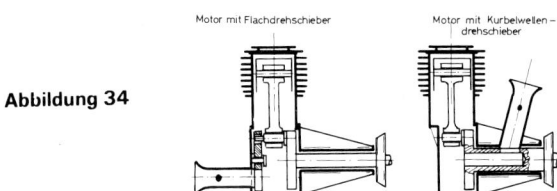

Abbildung 34

Die drehschiebergesteuerten Modellmotoren sind besonders leistungsfähig, denn hier steht eine lange Ansaugzeit zur Verfügung, und es wird ein hoher Kurbelgehäuseliefergrad erreicht, der über weite Drehzahlbereiche über 0,6 liegen kann. Durch eine Abstimmung der Saugrohrlänge bis zum Kurbelgehäuse kann auch hier noch einiges an Leistungsgewinn erreicht werden. Die angegebene Berechnung der optimalen Rohrlänge ist aber nur für flachdrehschiebergesteuerte Modellmotoren anwendbar. Ist der Drehschieber als sogenannter Kurbelwellendrehschieber ausgebildet, so zählt ein Teil der Bohrung in der Kurbelwelle zum Ansaugkanal und ein Teil zum Kurbelgehäusevolumen. Abb. 35.

Gut mit Messungen übereinstimmende Rechenergebnisse erhält man, wenn man ein Drittel der Kurbelwellenbohrung zum Ansaugkanal, den Rest zum Kurbelgehäusevolumen hinzurechnet.

2.6. Einfluß des Kurbelgehäusevolumens

Wie schon aus der Berechnung der optimalen Ansaugkanallänge ersichtlich ist, hat das Kurbelgehäusevolumen eine wichtige Bedeutung für die Leistung des Motors. Bei einem kleinen Kurbelgehäusevolumen wird viel frisches Gemisch angesaugt, der sogenannte „schädliche Raum" der Spülpumpe Kurbelgehäuse ist klein. Damit erreicht man auch einen hohen Verdichtungsgrad und ein gutes Ausspülen des Zylinders von Restgasen. Leider benötigt der Motor auch Leistung für die höhere Vorverdichtung, und es kann bei ungünstiger Lage der Überströmschlitze das Frischgas durch einen höheren Kurbelgehäusevorverdichtungsgrad angetrieben den Auspuffschlitz teilweise verlassen. Für den Motorenhersteller und den Bastler, der seinen Modellmotor frisieren oder in der Leistungsausbeute steigern will, bedarf es einiger Versuche um die Anpassung zwischen Kurbelgehäusevolumen und Spülung für optimale Leistung zu finden.

Man sieht aus der Abb. 35, die von Versuchen mit einem Mopedmotor stammen, daß je nach der gewünschten Drehzahl das Kurbelgehäusevolumen, hier als Vielfaches des Hubvolumens aufgetragen, die Lage des maximalen Drehmoments beeinflußt. Bei kleinem Kurbelgehäusevolumen wird das höchste Drehmoment zu höheren Drehzahlen verschoben. Bei großem Kurbelgehäusevolumen ist das Durchzugsvermögen des Motors bei kleineren Drehzahlen besser. Das Diagramm gibt keinen Aufschluß über die Größe des Drehmoments. Die Größe des Drehmoments hängt vom Liefergrad ab, und der ist wieder abhängig neben abgestimmtem Saugrohr, Kurbelgehäusevolumen auch von der Abstimmung des Auspuffrohres auf die gegebene Schlitzanordnung und Steuerzeit.

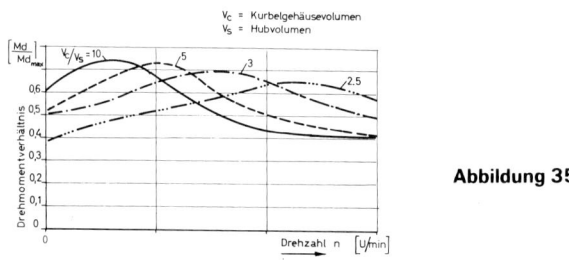

Abbildung 35

2.7. Einfluß des Auslaßsystems

Das Auslaßsystem eines Zweitaktmotors dient nicht nur zur Geräuschdämpfung des Auspufftons, sondern es bewirkt auch eine Leistungsanhebung oder bei schlechter Konstruktion eine starke Leistungseinbuße.

Wenn als Auspuff ein Rohr verwendet wird, so entstehen in dem Rohr ähnlich wie im Ansaugkanal beim Öffnen der Auspuffschlitze Druckstöße und Druckschwankungen. Öffnet der Auspuffschlitz, so läuft eine Druckwelle durch die Rohrleitung. Erreicht diese Druckwelle das Rohrende, so entsteht beim Auspuffen des Gases eine reflektierte Druckwelle, die zum Auspuffschlitz zurückläuft. Diese rücklaufende Druckwelle schiebt eventuell schon in das Auspuffsystem gesaugtes Frischgas zurück in den Zylinder. Es entsteht ein Nachladeeffekt. Diese reflektierte Druckwelle wird wiederum reflektiert und läuft zum Rohrende wieder zurück. In der Zwischenzeit hat der Kolben den Auspuffschlitz geschlossen, und es bildet sich hinter der Druckwelle eine Sogwelle mit beachtlichem Unterdruck im Auspuffsystem. Das Abgasrohr wird in seiner Länge nun so gewählt oder berechnet, daß bei einer bestimmten Motordrehzahl gerade diese Sogwelle den stärksten Unterdruck vor dem Auslaßschlitz ergibt, wenn der Auspuff geöffnet wird. Die folgende Abb. 36 gibt die Formel dafür an und zeigt an einem Rechenbeispiel, welche Rohrlänge etwa für diesen gewünschten Effekt notwendig ist.

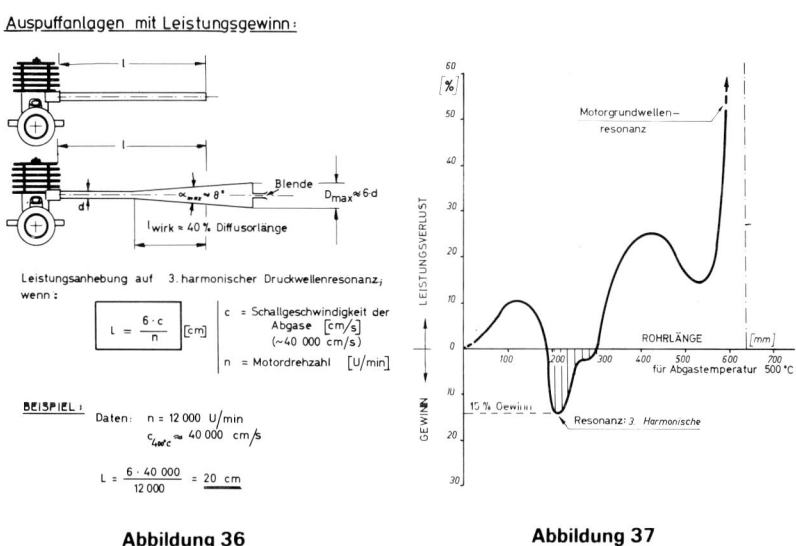

Abbildung 36 **Abbildung 37**

Der anschließend an die abgestimmte Auspuffleitung angeschlossene Schalldämpfer beeinflußt die Strömungsvorgänge und Resonanzerscheinungen der im Rohr hin- und herpendelnden Druck- und Sogwellen wenig.

2.8. Maximal erreichbare Leistung

Immer wieder wird von Leistungen der Modellmotoren gesprochen, die fast an Märchen reichen. Theoretisch kann ein Zweitaktmodellmotor mit üblichen Kraftstoffen nur bei jedem Arbeitstakt, bei 20° C Lufttemperatur in Meereshöhe folgende Wärmemenge in Arbeit umsetzen:

$$0,78 \text{ cal/ccm Hubraum}$$

oder in Pferdestärkestunden:

$$\frac{1,235}{1\,000\,000} \text{ PSh/ccm Hubraum}$$

Nimmt man einen Modellmotor von 10 ccm Zylindervolumen mit einem Hubraum über dem Auspuffschlitz von ca. 8,1 ccm und einer Drehzahl von 10 000 U/min = 60 · 10 000 U/Stunde, so erhält man auf Grund der Verbrennung des Kraftstoffs eine theoretische Maximalleistung in PS =

$$\frac{1,235 \cdot 8,1 \cdot 60 \cdot 10\,000}{1\,000\,000} = 6,00 \text{ PS}$$

Dies wäre theoretisch die Leistung des Motors, wenn keine Verluste durch Reibung entstünden, wenn der Motor ohne Kühlung auskäme und das Auspuffgas sich bis auf Umgebungstemperatur durch Expansion und Arbeitsabgabe dabei abgekühlt hätte. In Wirklichkeit gehen durch die notwendige Motorkühlung, da sonst der Kolben zu heiß würde, ein Drittel von der theoretischen Leistung und durch nicht vollständiges Expandieren des Gases im Arbeitstakt ein weiteres Drittel von der theoretischen Leistung quasi naturbedingt verloren. Ein 10-ccm-Modellmotor hätte also als Motor ohne Reibungsverluste und vollkommener, verlustfreier Spülung eine Leistung von 2 PS bei 10 000 U/min. Die besten Motoren dieser Größe haben bei 10 000 U/min eine Leistung von gerade 1 PS. Der mechanische Wirkungsgrad ist also bei einem guten Modellmotor etwa η mech. = 0,7, so daß die Hauptschuld an der geringeren gemessenen Leistung die unvollkommene Spülung und die nur geringe Füllung des Zylinders mit Frischgas trägt. Der Restgasgehalt im Zylinder dürfte bei Modellmotoren nach dem Schließen der Spülschlitze noch 30 bis 40 % betragen.

Es ist möglich, daß durch weitere Verbesserung an den Spülungsschlitzen die Leistung von Modellmotoren angehoben werden kann, allerdings dürften Leistungen von mehr als 1,5 PS aus einem 10 ccm Modellmotor bei 10 000 U/min, was einer Hubraumleistung von 150 PS/Liter entspricht, das technisch erreichbare Optimum darstellen. **Abb. 38.**

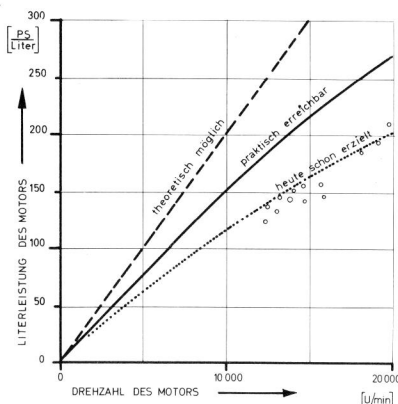

Abbildung 38

Mit der Drehzahl nimmt auch linear die Leistung eines Motors zu, so lange wenigstens, als die Zeiten für die Spülvorgänge nicht zu kurz werden. Von dieser Seite wird einmal eine Drehzahlgrenze für den Modellmotor gesetzt. Die größte Geschwindigkeit mit der ein Gas in den Zylinder ein- und ausströmen kann, ist von der Druckdifferenz zwischen Zylinder und Kurbelgehäuse bzw. zwischen Zylinder und Außenumgebung abhängig. Im Überströmkanal sollte die Strömungsgeschwindigkeit nicht mehr als 100 m/s betragen, bei höheren Strömungsgeschwindigkeiten wird die Wandreibung des Gases zu groß, und der Motor bekommt praktisch Atemnot.

Neben dieser strömungstechnischen Grenze ist noch eine chemische Grenze für die Drehzahl vorhanden. Zur Einleitung der Verbrennung und für das Verbrennen des Kraftstoff-Luft-Gemischs wird eine bestimmte chemische Reaktionszeit benötigt. Die Flammenfront schreitet nur mit etwa 50 m/s voran, so daß in der kurzen Zeit des Arbeitstakts bei hohen Drehzahlen das Gemisch entweder gar nicht mehr zündet oder erst im Auspuff verbrennt.

Daneben beherrscht man die Kräfte im Triebwerk des Motors nicht mehr. Es treten Pleuelbrüche auf oder Lagerschäden. Zusammengenommen ergeben sich als Drehzahlgrenze für einen 10-ccm-Modellmotor 20 000 bis 22 000 U/min, für einen Motor mit 1,0 ccm sind Drehzahlen bis 36 000 U/min möglich.

3. Bauteile der Motoren näher betrachtet

3.1. Kurbelgehäuse

Das Rückgrat des Modellmotors bildet das Kurbelgehäuse. Es wird vorwiegend aus Leichtmetall gefertigt. Bei Serienmotoren ist das Kurbelgehäuse ein Aluminium-Druckgußteil. Magnesiumlegierungen werden kaum verwendet, da dieses Material zwar leichter ist als Aluminium, sich aber wegen des geringeren Elastizitätsmoduls stärker unter dem Zünddruck des Motors verformt. Folgende schematisch dargestellte Bauformen sind üblich:

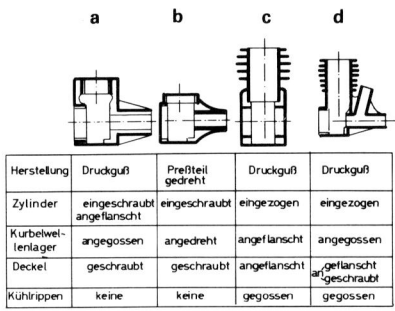

Herstellung	Druckguß	Preßteil gedreht	Druckguß	Druckguß
Zylinder	eingeschraubt angeflanscht	eingeschraubt	eingezogen	eingezogen
Kurbelwellenlager	angegossen	angedreht	angeflanscht	angegossen
Deckel	geschraubt	geschraubt	angeflanscht	angeflanscht angeschraubt
Kühlrippen	keine	keine	gegossen	gegossen

Abbildung 39

Die Überströmkanäle und ein Stück Auspuffkanal sind bei den Bauformen 3 und 4 angegossen. Da das Formteil für den Überströmkanal eingelegt werden muß, ist die Herstellung derartiger Kurbelgehäuse teuer. Die billigste und festigkeitsmäßig beste Art ist ein Kurbelgehäuse nach Abb. 39b das durch Zerspanen eines stranggepreßten Profilaluminiumstücks geformt wird. Für Motoren bis 1,6 ccm Hubraum ist diese Kurbelgehäusebauweise üblich.

3.2. Kurbelwelle

Die Übertragung des Drehmoments übernimmt die Kurbelwelle. Bei Einzylinder-Hubkolbenmotoren wird eine Bauweise mit einer Kurbelwange und einseitig offen zugänglichem Kurbelzapfen verwendet. Abb. 40.

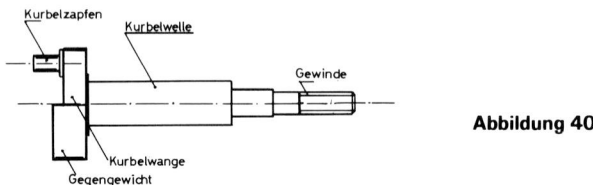

Abbildung 40

Die Kurbelwange wird gleichzeitig als Gegengewicht zur Masse des Lagerzapfens, also der rotierenden Massen, benutzt. Teilweise werden durch ein übergroß ausgebildetes Gegengewicht zum Kurbelzapfen auch die hin- und hergehenden Massen des Kolbens, Kolbenbolzens und des Pleuels ausgeglichen. Folgende Bauarten von Kurbelwangen werden angewendet.

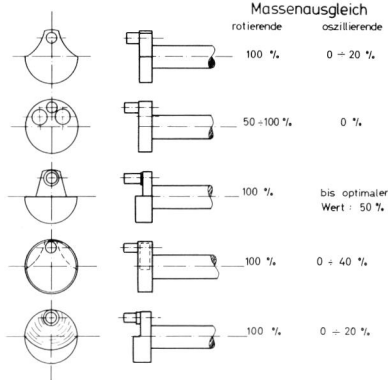

Abbildung 41

Günstig sind einmal die Bauformen der Kurbelwange, die möglichst viel Raum im Kurbelgehäuse einnehmen. Dies sind die Bauformen 4 und 5. Hier werden durch einen über die Kurbelwange gezogenen Ring die zum Massenausgleich eingefrästen Schlitze verschlossen. Mit diesen Kurbelwangenbauformen bekommt man ein kleines Kurbelgehäusevolumen und damit hohe Vorverdichtung des Gemischs. Nachteilig ist, daß eventuell angesaugte Kraftstofftröpfchen nicht von der Hammerwirkung des Gegengewichts der Bauformen 2 und 3 zerkleinert und zum Gemisch aufbereitet werden.

Der Kurbelzapfen wird bei einigen Modellmotoren als ein gehärteter Zylinderstift eingepreßt, bei anderen Motoren ist der Zapfen aus dem Vollen herausgedreht. Als Material für die Kurbelwellen wird häufig Automatenstahl, seltener legierter Stahl verwendet. Die Welle wird meist oberflächen- oder einsatzgehärtet. Bei hochwertigen Motoren wird der Kurbelzapfen und die Lagerstelle der Welle noch nach dem Härten überschliffen.

Die Kurbelwelle ist bei einer Ansaugöffnungssteuerung durch einen Drehschieber in der Kurbelwelle hohl gebohrt.

Die Drehschieberöffnung wird bei billigen Motoren mit geringer Leistung nur gebohrt, bei Motoren mit hoher Leistung ist die Öffnung gefräst, so daß sich große Öffnungsquerschnitte ergeben.

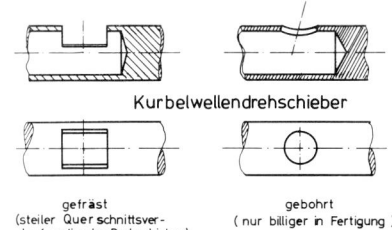

Abbildung 42

45

3.3. Lagerung der Kurbelwelle

Die einfachste Art der Lagerung der Kurbelwelle ist die in Gleitlagern. Diese können als Bronzebüchsen in das Kurbelgehäuse eingepreßt sein, oder die Welle läuft direkt auf dem Leichtmetall des Kurbelgehäuses. Das Lagerspiel beträgt $2\,^0/_{00}$ bis $5\,^0/_{00}$ vom Wellendurchmesser. Geringere Lagerreibung ergeben Wälzlager, vor allem Kugellager und Nadellager. Bei einer Lagerung der Kurbelwelle in Wälzlagern ist mindestens eines der Lager ein Kugellager zur axialen Führung der Welle.

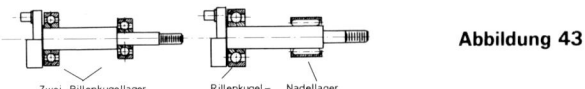

Abbildung 43

Zwei Rillenkugellager   Rillenkugel– Nadellager

Meist wird das Lager an der Kurbelwange als axiales Führungslager verwendet und das Lager am Abtrieb ist ein sogenanntes Loslager mit axialer Verschiebbarkeit. Gegeneinander verspannte Schrägkugellager werden nicht verwendet.

3.4. Propellermitnehmer

Ein nicht zu unterschätzendes Teil am Motor ist der Propellermitnehmer. Bei einer schlechten konstruktiven Lösung lockert sich der Propeller und schlägt sich los, meist beim Anlaufenlassen des Motors. Neben der sicheren Mitnahme sollte auch ein genauer Planlauf vorliegen, damit nicht durch dynamische Unwuchten die Lager der Kurbelwelle überlastet werden.

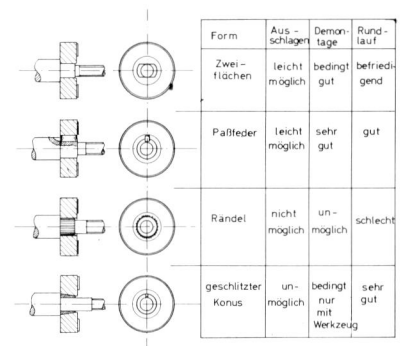

Form	Aus-schlagen	Demon-tage	Rund-lauf
Zwei-flächen	leicht möglich	bedingt gut	befriedigend
Paßfeder	leicht möglich	sehr gut	gut
Rändel	nicht möglich	un-möglich	schlecht
geschlitzter Konus	un-möglich	bedingt nur mit Werkzeug	sehr gut

Abbildung 44

3.5. Der Pleuel

Der Pleuel wird häufig als geschmiedetes Teil aus Aluminium hergestellt. Problematisch ist hier die Lagerung für den Kurbelzapfen und den Kolbenbolzen. Beide Lagerstellen schlagen sehr leicht aus, und nicht immer hilft ein Ausbüchsen mit Bronze oder Messing. Die Ursachen für das Ausschlagen der Lagerstellen am Pleuel sind Mangelschmierung und hohe Temperatur, oder Winkelfehler zwischen Zylinder und Kurbelwellenlagerung.

Am Kolbenbolzen treten Temperaturen von 250° bis 350° C auf, wobei Aluminium schon wesentlich in seiner Festigkeit abfällt und teigig wird. Es muß durch gute Kühlung des Motors und genügend Ölanteil im Kraftstoff dafür gesorgt werden, daß die Lagertemperaturen unter 200° C bleiben. Bei hohen Lagertemperaturen bringen Bronzebüchsen als Lager einige Vorteile, sonst ist aber das Aluminium der Pleuelstange völlig ausreichend als Lagermaterial.

Für einige Sonderanfertigungen von Modellmotoren wurden die Pleuelstangen nadelgelagert. Abgesehen von dem hohen Aufwand, den derartige Lagerungen erfordern, bringen Nadellager im Pleuel nur geringe Vorteile. Wenn auch das letzte Prozent an Reibungsverminderung gewünscht wird, um Rekordleistungen zu erreichen, so kann ein Nadellager am Kolbenbolzen empfehlenswert sein.

Die Abdichtung des Kurbelwellenantriebs zum Lagergehäuse ist fast bei keinem Modellmotor vorhanden. Daher entweicht auch aus dem vorderen Lager immer etwas Öl. Wenn ein absolut öldichter Motor gewünscht wird, so könnte man, falls vorhanden, das vordere Kugellager gegen ein Lager mit einer gleitenden Abdichtlippe austauschen. Diese Lager haben hinter der Lagerbezeichnung aus einer Zahlenkombination noch den Zusatz „RS". Die Reibungsverluste mit diesen Lagern sind etwas höher, so daß der Motor nach dem Umbau einen Propeller mit 100 U/min weniger antreibt.

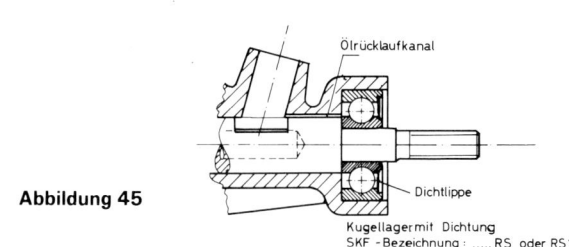

Abbildung 45

3.6. Der Kolben

Die ersten in Serie gebauten Modellmotoren hatten einen Kolben aus Grauguß und waren sorgfältig in den Zylinder eingepaßt. Durch die genaue Einpassung des Kolbens dichten diese zufriedenstellend ab. Solche Kolben werden auch heute noch in Modellmotoren bis 6,5 ccm Hubraum verwendet. Das Kolbenmaterial wird bei derartigen Kolben heute sorgfältigst ausgewählt und meist noch wärmebehandelt. Durch Glühen der Rohgußstange, Abkühlen und wieder Erwärmen, erreicht man Material mit geringen Wärmedehnungen, so daß der Kolben bei mangelnder Kühlung nicht zum Klemmen kommt. Die Einbauspiele der Kolben im Zylinder liegen zwischen 1/1 000 mm und 2/1 000 mm je Millimeter

Zylinderdurchmesser. Eine Verbesserung der Abdichtwirkung solcher Graugußkolben erreicht man, wenn die Kolbenkanten *nicht* abgerundet sind. Die Kolbentemperatur der Graugußkolben kann bis 350° C betragen.

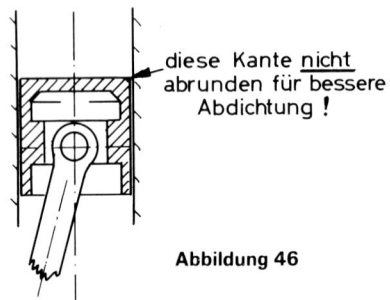

diese Kante <u>nicht</u> abrunden für bessere Abdichtung !

Abbildung 46

Kolben aus einsatzgehärtetem Stahl werden nur von einem Hersteller verwendet, der speziell Modellmotoren bis 1,5 ccm Hubraum herstellt. Diese Kolben werden auf das kugelige obere Ende der Pleuelstange, wie es schon in Abb. 30 gezeigt wurde, aufgenietet.

Bei Modellmotoren mit über 6,5 ccm Hubraum werden fast ausschließlich Kolben aus Leichtmetall verwendet, und die Abdichtung erfolgt mit Kolbenringen. Die Kolbentemperatur der Leichtmetallkolben liegt unter 300° C. Bei Motoren, die in kleinen Serien gebaut werden, wird der Kolben durch Zerspanen von Stangenmaterial hergestellt. Bei Motoren mit größeren Serienstückzahlen wird ein Kolbenrohling geschmiedet, der dann an der Lauffläche und am Kolbenboden spanend bearbeitet wird.

Als Material wird die gleiche Aluminium-Silizium-Legierung verwendet, wie bei den üblichen Automobilmotoren. Verwendet wird die bekannte Legierung Nr. 124 und Nr. 138 von der Firma Kolben-Mahle in Stuttgart. Dieses Material hat eine geringe Wärmedehnung, so daß die mittleren Einbauspiele des Kolbens zwischen 2/1000 mm und 3/1000 mm je Millimeter Kolbendurchmesser betragen. Diese Kolben sind oder sollten wenigstens nicht zylindrisch sein und exakt rund gefertigt. Ideal wäre, wenn der Kolben so von der zylindrischen Form abweichend hergestellt würde, daß er im betriebswarmen Zustand exakt zylindrisch wäre. Aus Gründen der einfachen Fertigung werden die Kolben nur leicht konisch gedreht.

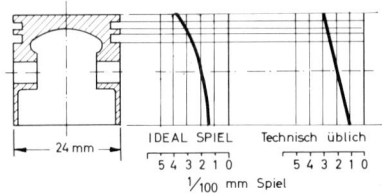

Abbildung 47

48

3.7. Der Kolbenring

Die zur Abdichtung bei Modellmotoren mit Leichtmetall-Kolben notwendigen Kolbenringe werden hauptsächlich in zwei Formen angewendet: Rechteckringe und L-Ringe.

Es ist schon eine Probiererei, bis die günstigste Neigung der Ringlauffläche, das Spiel in den Nuten des Kolbens und die Ringspannung im eingebauten Zustand festgelegt sind. Die besten Eigenschaften hat der L-Ring, da dieser Ring praktisch ohne Vorspannung eingebaut werden kann und durch die Verbrennungsgase dichtend an den Zylinder gepreßt wird.

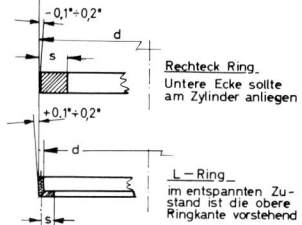

Rechteck Ring. Untere Ecke sollte am Zylinder anliegen

L – Ring im entspannten Zustand ist die obere Ringkante vorstehend

Größte Ringbeanspruchung beim Überstreifen des Ringes auf den Kolben:

$$\sigma_{ü} = 1{,}56 \, E \cdot \left(\frac{s}{d}\right)^2 \quad kp/mm^2$$

E = Elastizitätsmodul
bei Grauguß ≈ 8 500 kp/mm²
Stahl 21 000 kp/mm²

$s/d \approx 4 \ldots 6\,\%$

Ringhöhe ≈ 5 – 8 %v.Hub

Spiel des Kolbenringes in der Kolbenringnut des Kolbens : 0.015 mm ÷ 0,025 mm
Bei größerem Spiel besteht die Gefahr des Festbrennens des Ringes durch Ölkohle in der Ringnut, oder rasches Ausschlagen mit schlechter Abdichtung ist die Folge.

Abbildung 48

Die Montage der Kolbenringe ist eine heikle Angelegenheit. So einfach mit dem Fingernagel am Ringstoß aufbiegen und den Kolbenring abstreifen, ist meist das Ende für einen gut abdichtenden Ring. Der Kolbenring wird unrund und dichtet nicht mehr ab. Kolbenringe müssen mit geeigneten Vorrichtungen auf den Kolben aufgezogen werden, nur so bleibt der Ring in der vom Hersteller ermittelten optimalen Form und Rundheit.

3.8. Der Zylinder

Die Zylinder der Modellmotoren werden aus unterschiedlichsten Materialien hergestellt: Stahl, Messing, Leichtmetalle. Man möchte das Kolbeneinbauspiel nicht über den thermischen Betriebsbereich des Motors verändern. Die Wärmeausdehnung der Kolben sollte gleich der Wärmedehnung des etwas kälteren Zylinders sein. Daher werden Zylinder aus Messing oder Leichtmetall verwendet. Stahlzylinder werden vorwiegend bei Graugußkolben oder bei Leichtmetallkolben aus hoch siliziumhaltigem Sondermaterial verwendet. Durch die Schlitze für die Spülung und durch die einseitige Kühlung durch den Propellerwind und an den Überströmkanälen durch das Frischgas, werden die Zylinder im Betrieb unrund.

Zur Verschleißminderung werden Stahlzylinder teilweise gehärtet oder vergütet. Auch ein sogenanntes „Badnitrieren" der Stahlzylinder wird von einem Hersteller verwendet. Bei Leichtmetall- und Messingzylindern muß galvanisch eine

Verschleißschicht aus Hartchrom aufgebracht werden. Diese Hartchromschichten müssen aber künstlich rauh gemacht werden, damit das Schmieröl in den Vertiefungen der rauhen Oberfläche haften bleibt.

Den gleichen Zweck der besseren Ölhaltung hat das Honen der Stahlzylinder. Auch hier wird durch die Honsteine der Zylinder aufgerauht. Dabei entstehen gekreuzte Riefen, die etwa 2–5 μ m tief sind und einen Kreuzungswinkel von 60° – 70° haben. Beim Einlaufen des Motors werden die stehengebliebenen Tafelebenen zwischen den Honriefen telweise abgetragen, und es entsteht so nach kurzer Zeit der ideal runde Zylinder im betriebswarmen Motorzustand. An einem zu glatt gehonten Zylinder oder unsachgemäß verchromten Zylinder haftet das Schmieröl zu gering, es entstehen Ringfresser oder Kolbenfresser.

Am schnellsten laufen sich weiche Stahlzylinder gegen Graugußkolben ein. Die längste Einlaufzeit haben hartverchromte Zylinder und badnitrierte Stahlzylinder. Hier sind auch die Verschleißraten extrem gering, so daß ein derartiger Motor durchaus mehrere hundert Stunden gebrauchstüchtig bleibt.

3.9. Dichtungen

Als Zylinderkopfdichtungen werden nur noch Metalldichtringe verwendet. Bei richtiger Ausbildung der Abdichtstelle verzieht sich der Zylinder so am wenigsten.

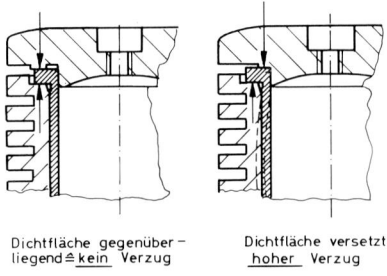

Dichtfläche gegenüberliegend $\triangleq$ kein Verzug

Dichtfläche versetzt hoher Verzug

Abbildung 49

Die übrigen Motorenteile, wie Gehäusedeckel und eventuell das Kurbelwellenlagergehäuse werden mit dazwischengelegten Papierdichtungen abgedichtet. Nach jedem Demontieren des Motors sollten diese Papierdichtungen erneuert werden, da einmal gepreßte Papierdichtungen nicht mehr abdichten. Wellendichtungen zur Kurbelwellenabdichtung werden nicht angewendet.

3.10. Massenausgleich

Der Massenausgleich eines Einzylindermotors ist mit einfachen Mitteln nicht zu verwirklichen. Meist wird als Kompromiß nur die Masse des Kolbenbolzens und der Pleuelstange ausgeglichen und etwa die Hälfte der oszillierenden Massen des Kolbens, des Kolbenbolzens und des Pleuels als rotierendes Gegengewicht an der Kurbelwange vorgesehen. Der Massenausgleich dieser Art ist meist ausreichend, da eine eventuelle Unwucht der Schwungscheibe oder des Propellers sich mehr bemerkbar macht.

Einen vollständigen Massenausgleich der oszillierenden Massenkräfte Erster Ordnung, also der periodischen Kräfte, die mit der Drehzahl des Motors gleiche Frequenzen haben, kann durch die folgende einfache Hilfswelle in Verbindung mit einer nach dem 1/2—Massen—Kompromiß ausgewuchteten Kurbelwelle erfolgen. Abb. 50.

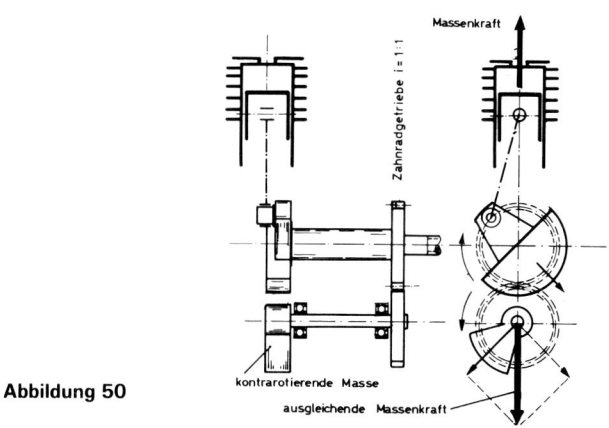

Abbildung 50

Dieser Massenausgleich mit nur einer zusätzlichen rotierenden Welle und einem einfachen Zahnradgetriebe ergibt nur ausgleichende Kräfte in Zylinderrichtung. Ein Einzylinder-Modellmotor mit diesem Massenausgleich läuft so ruhig wie ein 4-Zylinder-Reihenmotor. Allerdings, das ungleichförmige Drehmoment eines Einzylinders kann damit nicht ausgeglichen werden. Es verursacht annähernd die gleichen Vibrationsausschläge im Motorfundament wie die unausgeglichenen oszillierenden Massenkräfte.

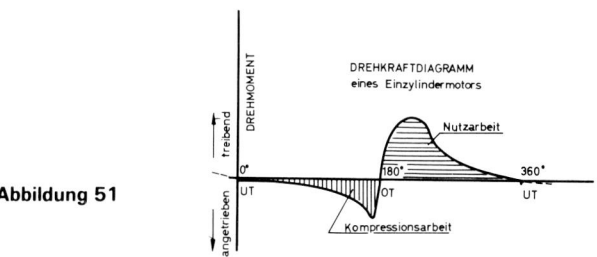

Abbildung 51

Einen noch besseren Massenausgleich erzielt man mit einer aufwendigeren Konstruktion, mit vier rotierenden Ausgleichsmassen. An einem Verbrennungsmotor mit einem Pleuel macht der Kolben wegen der endlichen Länge der Pleuelstange keine reine Sinusschwingung, sondern die Kolbenbewegung im Zylinder kann man sich zusammengesetzt vorstellen aus Sinusschwingungen mit Frequenzen der Kurbelwellendrehzahl und ihren Vielfachen. Die vorige Lösung des Massenausgleiches berücksichtigt nur die Frequenz der Kurbelwellendrehzahl. Der Schwingungstechniker sagt: Erster Ordnung. Die Lösung des Massenausgleichs mit vier rotierenden Ausgleichsgewichten gleicht auch die Schwingungen aus, die mit doppelter Kurbelwellendrehzahl schwingen. Diese Schwingungen mit der doppelten Kurbelwellendrehzahl nennt man: Zweite Ordnung.

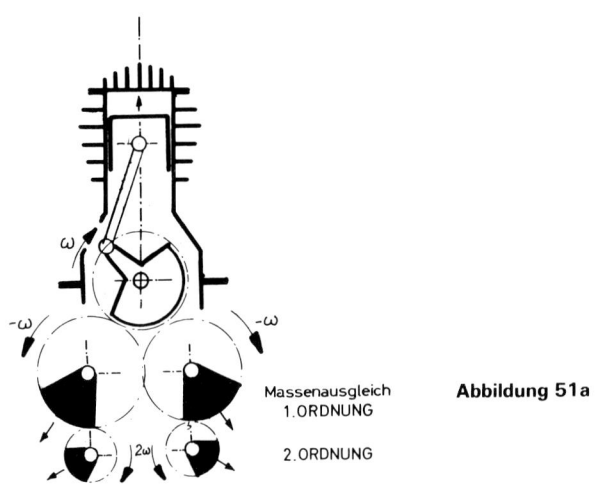

Massenausgleich 1. ORDNUNG

2. ORDNUNG

Abbildung 51a

Ein Einzylindermotor mit diesem aufwendigen Massenausgleich läuft genauso vibrationsfrei wie ein Sechszylinder-Reihenmotor. Auch hier ist das ungleichförmige Drehmoment eines Einzylinders nicht ausgeglichen, weshalb ein Sechszylindermotor mit 6 bzw. 3 Zündungen pro Umdrehung immer noch ruhiger und gleichmäßiger läuft.

4. Besondere Probleme der Modellmotoren

4.1. Verbrennung und Zündung

Der Verbrennungsvorgang des Kraftstoffs in den Modellmotoren ist chemisch gesehen eine Oxydation. Der Luftsauerstoff oder auch freigewordener Sauerstoff aus einer Kraftstoffkomponente verbindet sich mit den Atomen des Kraftstoffs. Dabei wird Wärme frei und daraus Arbeit gewonnen.

Damit nun diese Verbrennung vor sich geht, muß zuerst der Kraftstoff und die Ansaugluft gemischt werden, der Kraftstoff sollte möglichst dabei verdampfen, und es sollte im Zylinder nach dem Spülen ein Gasgemisch vorliegen. Dies gelingt bei Modellmotoren nur mangelhaft. Das Verdunsten oder Verdampfen des Kraftstoffs braucht Zeit, und die hat der Kraftstoff auf seinem kurzen Weg in den Zylinder und bei den hohen Drehzahlen der Modellmotoren nicht. Daher gelangen Kraftstofftröpfchen in den Zylinder und diese Kraftstofftröpfchen halten sich auch noch bei Beginn der Verbrennung im Zylinder auf. Es gibt vermutlich im Modellmotor zwei Verbrennungsvorgänge, einmal Verbrennen eines Gasgemischs und zum anderen Verbrennen von Kraftstofftröpfchen, wobei Luftsauerstoff zur Oberfläche des Kraftstofftröpfchens transportiert werden muß. Die Vorgänge sind sehr verwickelt im Detail und noch nicht vollständig erforscht oder untersucht.

Für den Modellbauer ist wichtig, daß die Abgase aller Modellmotoren auf Grund der Besonderheit der Verbrennung Bestandteile enthalten, die gesundheitsschädlich sind. Daher darf ein Modellmotor in einem geschlossenen Raum, wie Zimmer oder Küche, nicht betrieben werden, auch nicht nur so zur Probe.

Die Zündung des Kraftstoff-Luftgemischs erfolgt bei den Modelldieselmotoren nur durch die Erwärmung, die beim Verdichten des Gemischs entsteht. Bei den Modelldieselmotoren muß also genügend verdampfter Kraftstoff mit Luft gemischt vorliegen, und die Temperatur bei der Verdichtung muß die Zündgrenze dieses Gemischs überschreiten. Damit nicht ungewöhnlich hoher Verdichtungsdruck oder ein Verdampfen des Kraftstoffs außerhalb des Vergasers notwendig wird, enthält der Dieselkraftstoff Äther. Dieser Äther verdampft schnell, und gemischt mit Luft verbrennt Äther bei einer Temperatur von über 60° C explosionsartig. Dabei wird genügend Wärme frei, so daß auch der restliche Kraftstoff sich entzündet und verbrennt. Dieser ganze Verbrennungsvorgang beim Modelldieselmotor ist vergleichbar einer Wärmeexplosion. Mechanisch wird der Motor durch die rasche Wärmefreisetzung und den damit verursachten hohen Drücken im Zylinder extrem beansprucht. Nach Messungen treten in solchen Modelldieselmotoren Spitzendrücke von 200 bis 250 atü auf. Da die Kräfte auf Pleuelstange, Lager und Kurbelwelle bei diesen Drücken für größere Motoren nicht mehr beherrscht werden können, sind Modelldieselmotoren erfolgreich auch nur bis 2,5 ccm Hubraum gebaut worden.

Eine wesentlich günstiger verlaufende Verbrennung hat der Glühkerzenmotor oder der Glühzünder unter den Modellmotoren.

Das Kraftstoffluftgemisch gelangt mehr oder minder gemischt und der Kraftstoff teilweise verdampft in den Zylinder. Am Zylinderkopf ist eine glühende Drahtspirale in deren Nähe das Kraftstoff-Luftgemisch optimal durch die Glühwärme aufbereitet wird. Die Verbrennung beginnt in der Nähe der Glühwendel. Dabei spielen sicher sogenannte katalytische chemische Reaktionen eine Rolle. Der Katalysator ist chemisch ein Stoff, der eine Reaktion auslöst, beschleunigt oder in Gang hält, ohne sich dabei auf Dauer gesehen zu verändern. Kurzzeitig bildet sich bei unserer Glühspirale eine Oxydhaut aus Metall und Sauerstoff (= Oxygenium) auf der Oberfläche der Wendel.

Diese Oxydhaut wird wieder zu Metall und Sauerstoff zurückgebildet, wenn zum Beispiel Alkohol in die Nähe gelangt. Der dabei frei werdende Sauerstoff ist besonders reaktionsfähig und greift den Alkohol an, der dann oxydiert wird, oder populär gesprochen, dann verbrennt. Dieser Vorgang erfolgt nicht explosionsartig, sondern erst wenn durch die Verdichtung des Gemischs die Temperatur genügend hoch geworden ist und das zusammenkomprimierte Gemisch auch rascher an die Glühspirale gelangt, so wird die entstehende Verbrennungswärme größer, als die Wärmeabfuhr durch die Motorkühlung. Im Motor hat dann das Gemisch „gezündet", und die Verbrennung erfolgt. Neben dieser Reaktion des Zündbeginns erfolgt noch eine Vorflammenreaktion des Kraftstoff-Luftgemischs, die recht verwickelt abläuft.

Die Spitzendrücke im Brennraum eines Glühkerzen-Modellmotors liegen selten über 100 atü, bei den meisten Motoren um 50 atü. Diese Drücke lassen sich noch mechanisch beherrschen, so daß solche Motoren gewichtsmäßig leichter gebaut werden können als Modelldieselmotoren, und auch Zylinderhubräume bis 30 ccm bringen keine Schwierigkeiten in der Triebwerksmechanik. Der Beginn der Zündung bei den Glühkerzenmodellmotoren ist ungesteuert und kann nur beeinflußt werden einerseits durch die Gestaltung des Brennraums, das Verdichtungsverhältnis und den Spülwirkungsgrad; also Größen, die bei einem gekauften Modellmotor festgelegt sind. Andererseits kann der Zündzeitpunkt beeinflußt werden durch die Gemischzusammensetzung und den Kraftstoff. Diese Größen können vom Modellbauer durch Einregulieren des Vergasers optimal justiert werden.

4.2. Der Vergaser

Der Vergaser in Modellmotoren hat die Aufgabe der vom Motor angesaugten Luftmenge die richtige Menge Kraftstoff zuzumischen. Gleichzeitig soll der Vergaser den Kraftstoff vom Tank heransaugen und fein vernebelt der Ansaugluft zugeben.

Um die richtige Kraftstoffmenge dem Ansaugluftstrom zuzumischen, hat der einfachste Vergaser an Modellmotoren ein kleines drosselbares Ventil, meist ein Nadelventil. Die Nadel dieses Ventils ist konisch und man kann durch Verschieben dieses konischen Nadelteils die durch den Vergaser durchströmende Kraftstoffmenge regulieren.

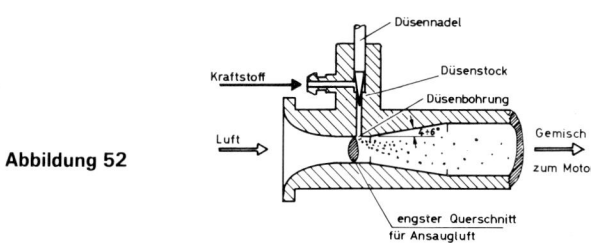

Abbildung 52

Der Ansaugstutzen des Motors ist ein Rohr, das sich an der Stelle, wo der Kraftstoff eingebracht wird, verengt und sich dann wieder erweitert. Nach den Gesetzen der Strömungslehre herrscht an solchen Engstellen in einem Rohr ein geringer Druck. Dieser geringe Unterdruck gegenüber dem Umgebungsluftdruck reicht aus, um den Kraftstoff aus einer Öffnung über das Reguliernadelventil aus dem Tank herauszusaugen. Ideal wäre, wenn diese Verengung im Ansaugrohr düsenförmig wäre mit langsamem Erweitern des Rohrs auf den ursprünglichen Querschnitt, wobei der Winkel des Konus 8° nicht überschreiten sollte wegen des Ablösens der Wandströmung. So würde man geringe Strömungsverluste bekommen, und es gelangte die größte Ansaugluftmenge in das Kurbelgehäuse. Von der Firma Cox wird eine derartige Düse als Ansaugrohr verwendet. Um nun aus diesem Düsenrohr einen Vergaser zu machen, braucht der Kraftstoff nur noch aus kleinen Bohrungen am Umfang auszufließen. Die kleinen Tröpfchen aus diesen Bohrungen werden in der angesaugten Luft dann auf dem weiteren Weg zum Zylinder mehr oder weniger verdampft und der Kraftstoffdampf mischt sich mit der Ansaugluft.

Aus Kostengründen wird häufig ein von der Idealform abweichender Vergaser verwendet. Hier ist in einem zylindrischen Ansaugrohr einfach ein Querrohr eingeschoben, das den Querschnitt verengt und so zunächst für den gewünschten Unterdruck zum Kraftstoffansaugen aus dem Tank sorgt. In dem Querrohr ist das Nadelventil und die Kraftstoffaustrittsöffnung in den Ansaugluftkanal untergebracht.

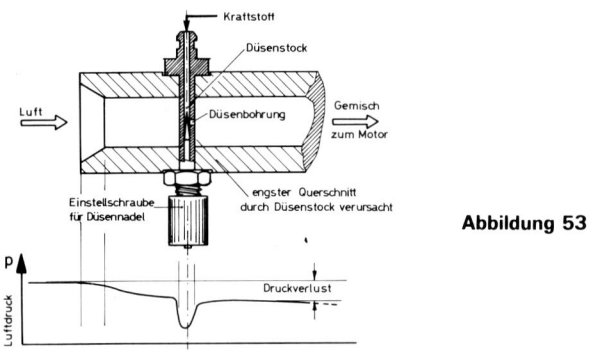

Abbildung 53

In der Regel ist in dem Querrohr, das auch Düsenstock genannt wird, eine Austrittsöffnung für den Kraftstoff. Diese Austrittsöffnung sollte stromabwärts gerichtet sein, damit auch der Kraftstoff möglichst gut angesaugt wird. Ist die Öffnung gegen die Strömungsrichtung der Ansaugluft gerichtet, so wird der Kraftstoff nicht aus dem Tank angesaugt und der Motor läuft nicht.

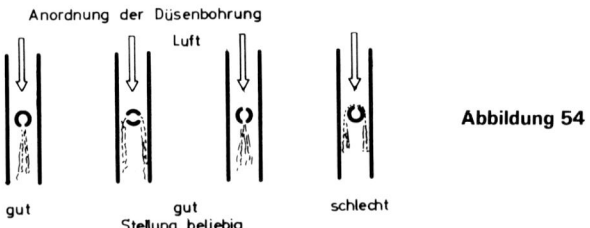

Abbildung 54

Wenn in einen Düsenstock zwei sich gegenüberliegende Kraftstoffaustrittsöffnungen gebohrt sind, ist die Lage dieser Öffnungen zur Strömungsrichtung fast gleichgültig, da immer Kraftstoff angesaugt wird. Dies hängt mit Kapillarkräften zusammen, die den Kraftstoff auch bei Überdruck in den Öffnungen halten.

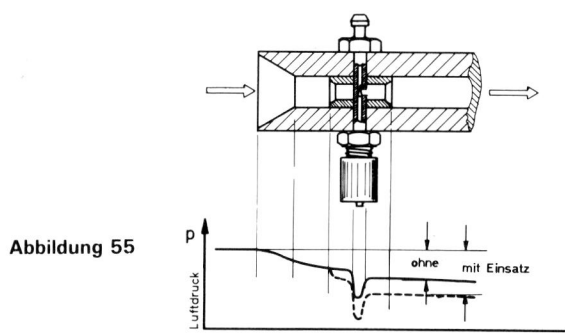

Abbildung 55

Zur Verbesserung der Ansaughöhe für den Kraftstoff kann man bei einigen Modellmotoren Einsätze in den Vergaser einbauen, die den Ansaugquerschnitt einengen und mehr Unterdruck ergeben. So schön die Sache für das gute Ansaugen des Kraftstoffs ist, so schädlich ist dies für die maximal angesaugte Luftmenge. Grob gerechnet sollte der Ansaugquerschnitt mindestens 12 % der Kolbenfläche betragen, bei kleineren Flächen ist bei höheren Drehzahlen des Motors eine starke Leistungseinbuße die Folge.

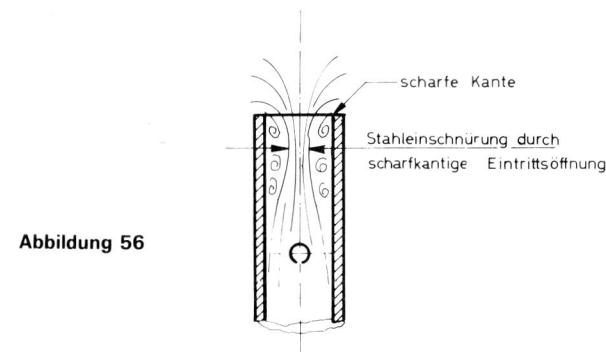

Abbildung 56

Eine nicht minder bedeutende Rolle spielt die Ausbildung der Ansaugöffnung auf die angesaugte Luftmenge. Ein scharfkantiges Rohr bringt eine Einschnürung der Strömung, die bis zu 10 % Durchsatzmenge an Ansaugluft kosten kann. Eine gut gerundete Ansaugöffnung mit breiter Strömungsstützfläche am Eintritt gibt kaum Verluste. Immer wieder taucht die Frage auf, ob die Ansaugöffnung bei Einbau des Motors in eine Karosserieverkleidung wie die Motorhaube bei Flugmodellen die Ansaugluftmenge beeinträchtigt.

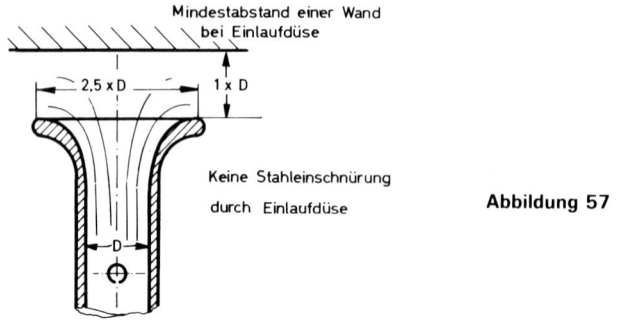

Abbildung 57

Grundsätzlich sollte der Mindestabstand von Wänden oder Verkleidungen von der Ansaugöffnung gleich dem Ansaugrohrdurchmesser sein. Etwas, aber auch nur etwas, gewinnt man, wenn man die Ansaugöffnung gegen die Bewegungsrichtung des Modelles neigt. Nur bei besonders schnell fliegenden Flugmodellen bringt der Staudruck der Luft einen geringen Aufladeeffekt. Wenn man solche Stauaufladeeffekte ausnützt, sollte man auch den Kraftstoffbehälter mit dem Staudruck beaufschlagen, sonst kann es geschehen, daß der Motor mit zunehmendem Staudruck weniger ansaugt und ein zu mageres Gemisch bekommt. Es hat eben alles Vorteile und Nachteile, und ein guter Effekt an einer Stelle kann einen großen Nachteil an anderer Stelle bewirken. Nach Messungen ergibt der Stauaufladeeffekt bei besonderer Tankanordnung und Nachregelmöglichkeit für das Gemisch bei 100 km/h Fahrgeschwindigkeit etwa 2,5 % Leistungsgewinn, bei 200 km/h etwa 10 %, mehr nicht.

4.3. Die Drehzahlregelung der Motoren

Die Drehzahlregelung der Modellmotoren kann bei Modelldieselmotoren durch Verändern der Kompression erfolgen. Bei dieser Motorenart wird dadurch der Zündzeitpunkt verschoben, was zur Drehzahländerung führt. Bei den Glühkerzenmotoren kann man den Zündzeitpunkt nur schlecht verschieben. Über die Gemischart und über fettes bzw. mageres Gemisch ist dies in Grenzen zwar möglich. Dazu möchte ich etwas näher auf das Mischungsverhältnis eingehen.

Bei einem Verbrennungsmotor wird ein Gemisch aus Kraftstoffen und Luft gezündet und verbrannt. Es ist nun dem Chemiker möglich, theoretisch auszurechnen, wieviel Kubikzentimeter Luft und Kraftstoff gemischt werden müssen, daß der gesamte Kraftstoff verbrennt, die Chemiker sagen hierbei: oxydiert wird, und kein Sauerstoff mehr ungebunden übrigbleibt. Man nennt dieses Mischungsverhältnis das stöchiometrische Mischungsverhältnis. Der

Ingenieur sagt nun, daß beim stöchiometrischen Mischungsverhältnis die Luftüberschußzahl, mit dem Zeichen λ (Lambda) bezeichnet, gerade 1,0 ist. Wenn zu wenig Luft zur vollständigen Verbrennung vorhanden ist, ist λ kleiner als 1,0 also zum Beispiel: 0,8. Bei Luftüberschuß ist λ größer als 1,0, also zum Beispiel 1,2.

Das Mischungsverhältnis kann aber nicht beliebig variiert werden, denn nur innerhalb der Mischungsverhältnisse mit λ = 0,5 bis λ = 1,4 ist das Gemisch überhaupt zündbar. Außerhalb dieser Grenzen brennt das Gemisch nicht. Bei unseren Modellmotoren mit Glühkerzenzündung wird dieser Zündbereich noch enger, da es nie gelingt, das Gemisch völlig gleichmäßig gemischt in den Zylinder zu bekommen. Es gibt immer noch Kraftstofftröpfchen und Zonen mit reiner Luft. Die Geschwindigkeit, mit der die Flamme eines an der Glühkerze gezündeten Gemischs sich ausbreitet, hängt von der Luftüberschußzahl ab.

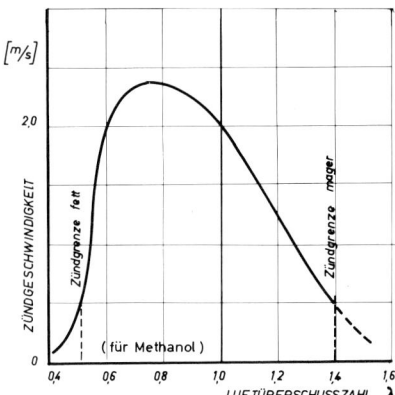

Abbildung 58

Die größte Geschwindigkeit der Flammenausbreitung liegt bei λ = 0,8, also bei einem 20% zu fetten Gemisch. In dieser Einstellung ist der Motor auch optimal in seiner Leistungsabgabe. Umweltverschmutzungsprobleme durch die 20% unverbrannten Kraftstoffe oder Abgasschadstoffe sollen hier unberücksichtigt bleiben und spielen bei Modellmotoren noch keine Rolle.

Bei einem fetten Gemisch wird der Zündzeitpunkt bei Glühkerzenmotoren nach „spät", also im Extremfall bis zu 20° Kurbelstellung nach dem oberen Umkehrpunkt des Kolbens, verschoben, dazu verbrennt ein zu fettes Gemisch langsamer, so daß der Motor deutlich in der Leistung abfällt. Auf der anderen Seite bedeutet ein mageres Gemisch eine frühe Zündung an der Glühkerze, aber auch wieder eine niedrige Brenngeschwindigkeit, so daß sich beide

Effekte, Zündung und Brenngeschwindigkeit, für die Leistung des Motors nur wenig auswirken. Ein mageres Gemisch verbrennt aber mit höheren Gastemperaturen, so daß leicht ein Modellmotor bei dieser Einstellung überhitzen kann. Abb. 58.

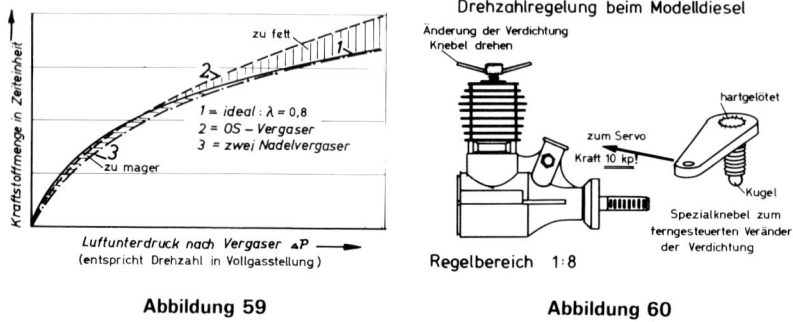

Abbildung 59

Abbildung 60

Für die Regelung der Motordrehzahl durch Änderung des Gemischs würden diese Vorgänge bedeuten, daß man einfach durch Öffnen des Kraftstoffventils, bei unseren Modellmotoren der Düsennadel, zu niedrigen Motordrehzahlen kommt. Dies wurde auch schon vielfach angewendet, aber eine elegante Lösung mit zuverlässigem Leerlauf des Motors ohne gelegentlichen Motorstillstand ist so nicht möglich. Abb. 61–62.

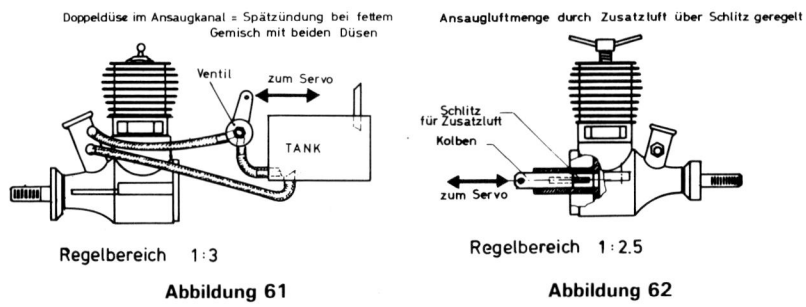

Abbildung 61

Abbildung 62

Um den Anforderungen in ferngesteuerten Modellen gerecht zu werden, wurden spezielle Vergaser für Modellmotoren entwickelt und zu recht komplizierten Gebilden verfeinert. Zunächst versuchte man durch Einbau einer Drosselklappe im Ansaugstutzen die Luftzufuhr zum Motor zu reduzieren. Dabei wurde um den Düsenstock eine Doppelklappe gedreht und durch eine zweite Luftöffnung Luft nach der ersten Drosselstelle zugemischt. Dieser Vergaser wird für kleine, billige Modellmotoren bis 3,5 ccm Hubraum heute noch verwendet. Abb. 63.

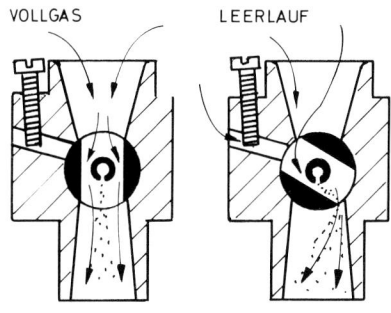

einfacher Drosselvergaser mit Zusatzluft im Leerlauf

Abbildung 63

Regelbereich 1:6 ÷ 1:8

Eleganter sind die Vergaser, die neben der Drosselung der Luftmenge auch die Kraftstoffzufuhr so regeln, daß immer eine Luftüberschußzahl von $\lambda = 0{,}8$ eingehalten wird. Dies wird erreicht indem dem Regulierventil der Hauptdüsennadel ein zweites Regulierventil nachgeschaltet wird, das gemeinsam mit der Drosselklappe betätigt wird. Durchgesetzt haben sich die Lösungen, bei denen das Drosselküken axial verschiebbar und drehbar ist, wie beim Vergaser der Firma Webra oder bei Super-Tigre-Motoren, bei denen eine Düsennadel in der Leerlaufstellung in den Hauptdüsenstock einfährt. Die andere Lösung ist, einen Kraftstoffaustrittsschlitz in seiner Länge so zu ändern und damit den Austrittsquerschnitt optimal an die Drosselklappenstellung anzupassen wie beim Kavan-Vergaser und Perry-Vergaser. Beide Vergaser werden von Zubehörfirmen für mehrere Modellmotorenmuster angeboten. Abb. 65–67.

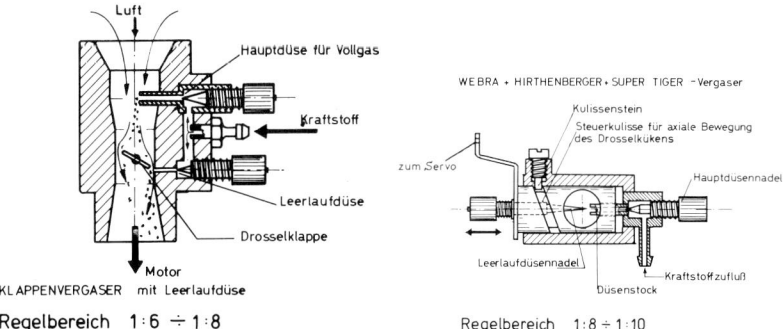

KLAPPENVERGASER mit Leerlaufdüse

Regelbereich 1:6 ÷ 1:8

Regelbereich 1:8 ÷ 1:10

Abbildung 64

Abbildung 65

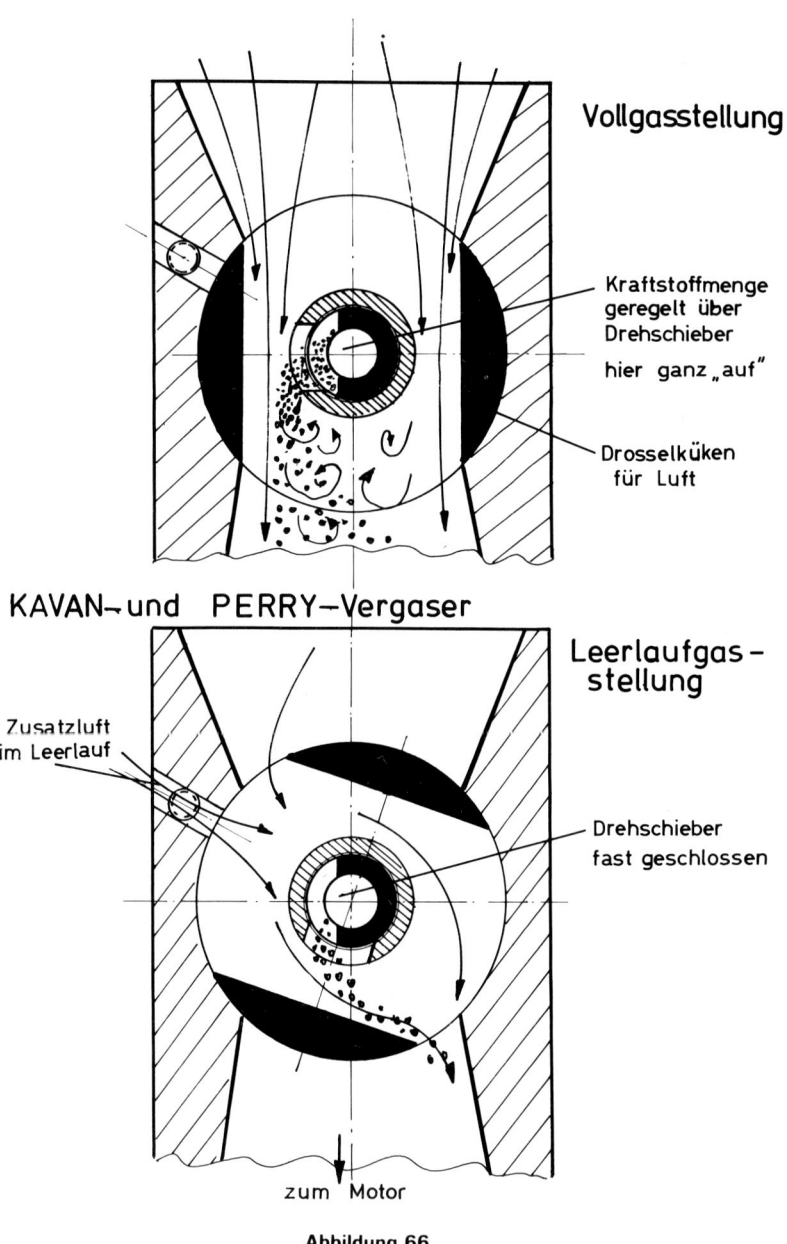

Abbildung 66

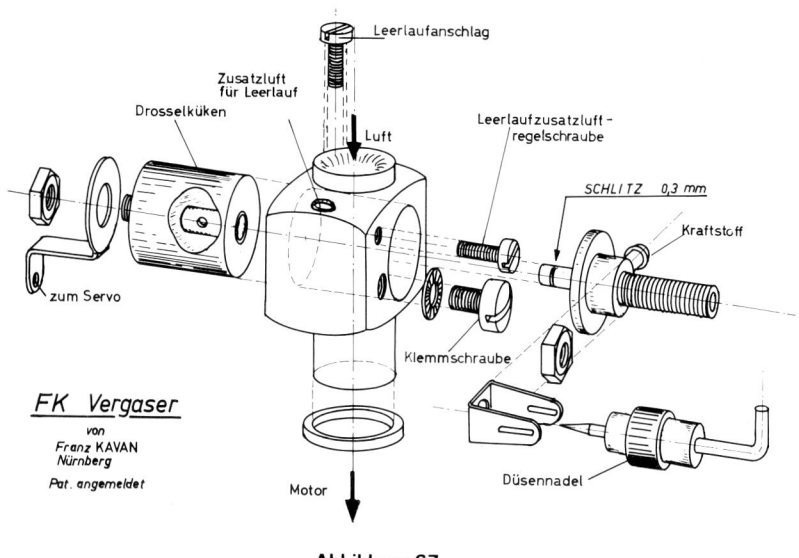

Abbildung 67

Das Problem der optimalen Kraftstoff-Luft-Mischung im gesamten Drehzahlbereich eines Modellmotors wird fast unlösbar, wenn man einmal die Vielzahl der Kraftstoffmischungen und die Vielzahl der Laufbedingungen berücksichtigen will. Etwas verbessern kann man die Vergaser mit einer Reguliermöglichkeit des Vollastgemischs an der Hauptdüse und einer zusätzlichen Regulierung des Gemischs für den niedrigen Motorleerlauf. Bei den Vergasern, wie WEBRA oder HP-Hirtenberger taucht durch eine axiale Bewegung des Drosselkükens eine zweite Düsennadel in den Hauptdüsenstock ein. Im allgemeinen erfolgt dieses Eintauchen erst bei Leerlaufstellung des Vergasers. Läßt man diese Düsennadel früher in den Hauptdüsenstock eintauchen, so kann man durch die konische Form dieser Nadel dann das Gemisch in den Zwischengasstellungen etwas beeinflussen. Allerdings verändert man bei einer Regulierung des Leerlaufgemischs dann immer auch das Gemisch in den Zwischengasstellungen. Nach einigen Versuchen kann man so für einen bestimmten Motor und seine Einsatzbedingungen sowie Kraftstoff eine Verbesserung der Gemischaufbereitung erreichen.

Eine noch bessere Lösung ist bei dem Perry-Vergaser nach einem Vorschlag des Verfassers möglich. Unabhängig von der Gemischregulierung des Leerlaufs, die immer sehr kritisch ist und die je nach Wetterlage und Luftdruck nachreguliert werden muß, kann das Kraftstoff-Luft-Gemisch für die Zwischengasstellungen über eine Steuerkulisse reguliert werden. Durch die Steuerkulisse wird die Düsennadel des Hauptvergasers axial bewegt. So kann das Gemisch relativ zu dem einregulierten Vollgasgemisch verändert werden. Die Schräge der Steuerkulisse ist auch hier experimentell zu ermitteln. Auch wenn man bei den ersten Versuchen nicht gleich die optimalste Schräge der Steuerkulisse hat, so wird doch das Gemisch in den Zwischengasstellungen etwas abgemagert und damit zündfreudiger. Motoren mit diesem Vergaser zeigen nicht das vor allem bei Hubschraubermodellen unerwünschte Wechseln zwischen „Viertaktlauf-Zweitaktlauf".

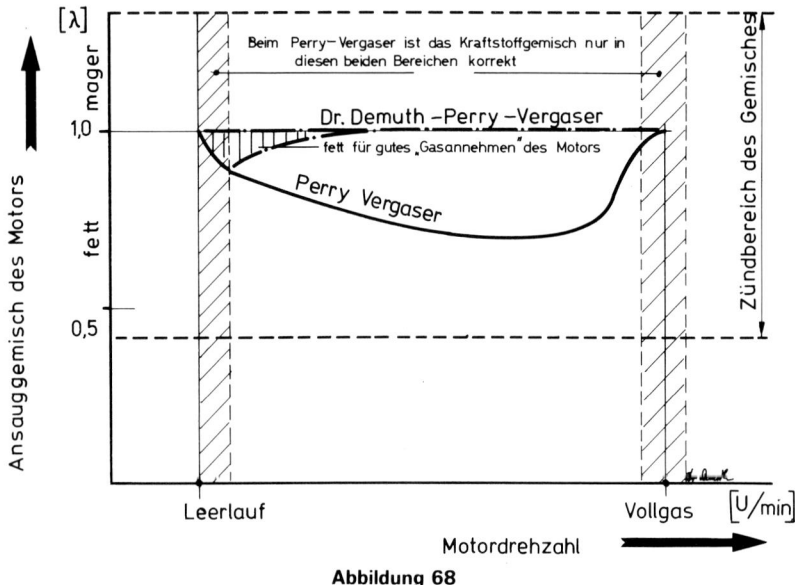

Abbildung 68

Die nächste Entwicklungsstufe für Vergaser und Gemischaufbereitungssysteme sind Druckvergaser mit so etwas wie Niederdruck-Kraftstoffeinspritzung. Einen Überdruck gegenüber der Atmosphäre kann man aus dem Kurbelgehäuse des Motors oder aus dem Schalldämpfer entnehmen und diesen Überdruck auf den Kraftstofftank geben. Dadurch wird, ohne daß der Vergaser durch eine Querschnittsverengung und damit Unterdruckerzeugung den Kraftstoff ansaugt, der Kraftstoff in das Saugrohr eingespritzt. Die ausfließende Menge wird über ein Nadelventil geregelt. Der Vergaser sieht also ähnlich aus wie der einfachste Vergasertyp mit Nadelventil und Düsenstock, nur ohne Einschnürung für die Unterdruckerzeugung. Diesen Vergaser verwendet man vorwiegend für Rekordversuche und wenn die maximal denkbare Leistung aus dem Motor herausgeholt werden muß. All diesen Druckvergasern gemeinsam ist ein Nachteil, daß der Kraftstoff tröpfchenförmig in die Ansaugluft gelangt, und erst im Kurbelgehäuse des Motors verdampft und sich zum Gemisch aufbereitet.

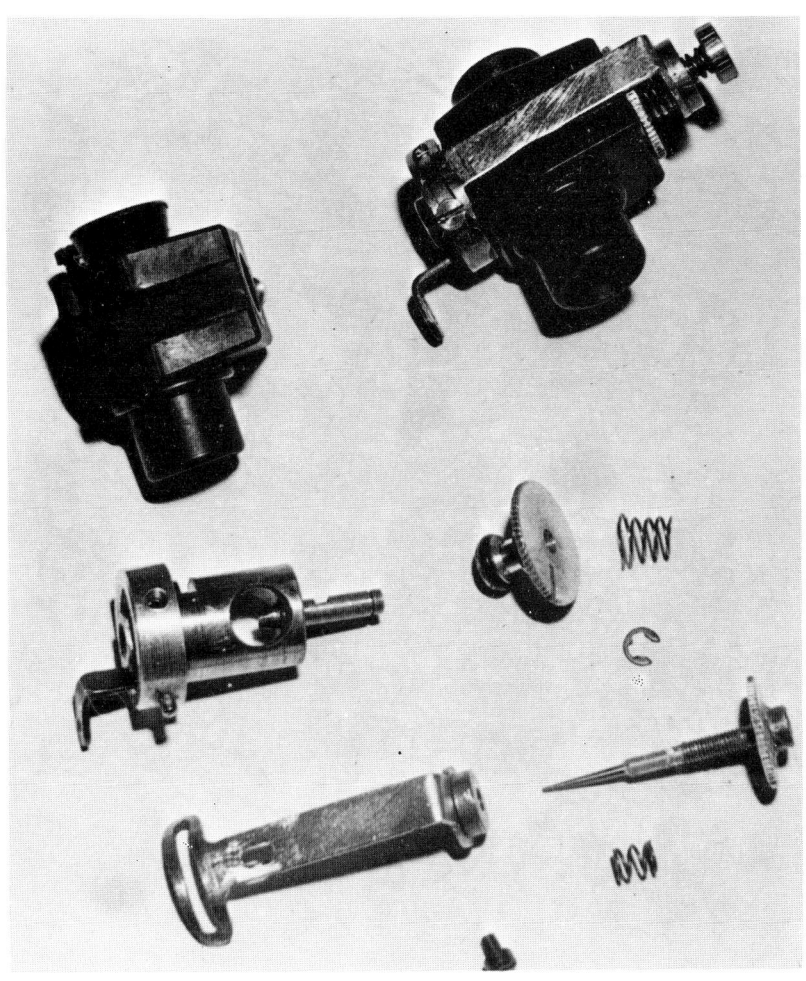

Abbildung 68a *Dr. Demuth-Perry-Vergaser*

In einigen Ansätzen wurde auch schon versucht, den Kraftstoff mit Luft vorzumischen und diesen Kraftstoff-Luft-Schaum in die Ansaugluft zu leiten. Die kleinen Schaumbläschen würden dabei aufplatzen, und der Kraftstoff wäre feinst vernebelt. Zur Vormischung wurde teilweise der Kurbelgehäuseüberdruck verwendet oder aus dem Schalldämpfer ein Teilstrom des Abgases abgeleitet. In einer injektorartigen Mischstrecke wird die Kraftstoff-Luft-Emulsion erzeugt und in den Ansaugstutzen eingespritzt. Abb. 70.

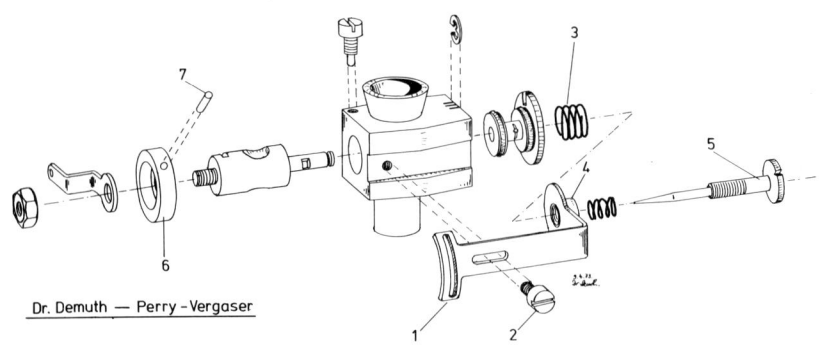

Abbildung 69

Die Vergaser für Modellmotoren werden immer komplizierter, je höher die Anforderungen an die Regelbarkeit und an ein gleichmäßiges Laufen des Motors von Leerlauf mit etwa 2 000 U/min bis zu 20 000 U/min Vollast-Höchstdrehzahlen werden.

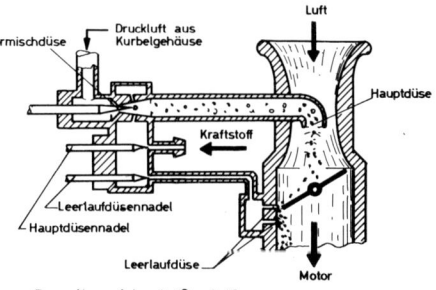

Abbildung 70

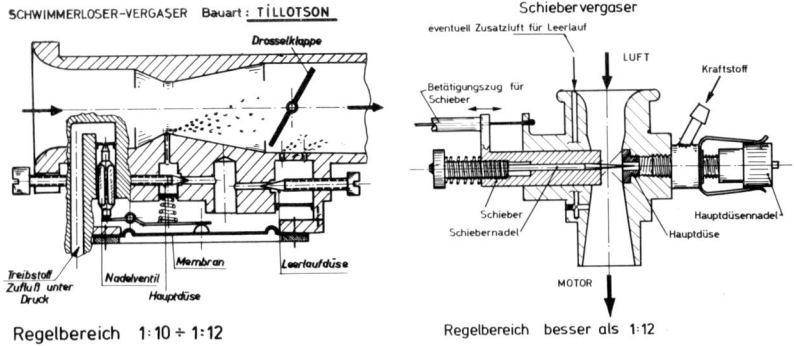

Abbildung 71   **Abbildung 72**

Neben der Anordnung von Drosselklappen und Drosseldrehventilen und Drosselküken wurde schon versucht, den Vergaserquerschnitt direkt zu verengen.

Diese Lösungen sind aus dem Vergaserbau für Automobilmotoren bekannt und meist durch Patente allseitig abgesichert, so daß nur die Einzelanfertigung durch Bastler für den eigenen Bedarf statthaft ist. Abb. 73–74.

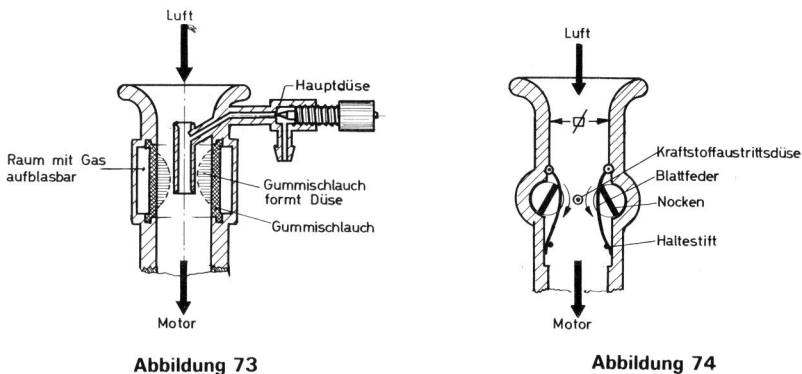

Abbildung 73 **Abbildung 74**

4.4. Der Brennraum

Über die Gestaltung des Brennraums an Modellmotoren könnte man ein eigenes Buch schreiben. Ein guter Brennraum sollte von der Zündstelle aus eine geringe Oberfläche haben, also bei Glühkerzenmotoren von der Glühkerze aus kurze Brennwege und keine Quetschräume zwischen Kolben und Zylinderkopf mit weniger als 0,3 mm Abstand zwischen den beiden Teilen bei warmem Motor.

Gebräuchlich sind eigentlich nur zwei Brennraumformen bei Glühkerzenmotoren: Der Zentralbrennraum um die Glühkerze und der Halbkugel-Brennraum. Beim Modelldiesel ist der Brennraum aus fertigungstechnischen Gründen meist ein Zylinderstück. Abb. 75–77.

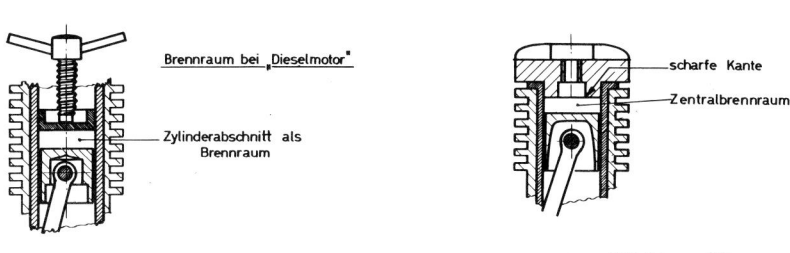

Abbildung 75 **Abbildung 76**

67

Brennraum bei Glühkerzenmotoren

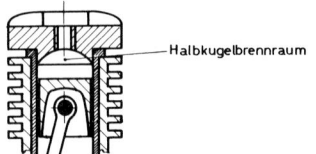

Halbkugelbrennraum

Abbildung 77

Der Halbkugelbrennraum ergibt eine weiche Verbrennung und gutes Drehmoment des Motors bei niedrigen Drehzahlen. Der Zentralbrennraum sofern er eine scharfe Kante als unteren Abschluß hat, gibt gute Leistung bei hohen Drehzahlen, aber einen harten Lauf des Motors. Bei dem Zentralbrennraum ist der Brennweg kurz und daher erfolgt die Verbrennung rasch. Das im Spalt zwischen Kolben und Zylinderkopf verbleibende Gemisch bringt leicht eine klopfende Verbrennung, was zu Pleuellagerschäden und Kolbenbodenlöchern führt. Ungünstig ist noch, daß bei den Modellmotoren mit einem Nasenkolben ein entsprechender Schlitz für die Kolbennase im Zylinderkopf sein muß. Dadurch vergrößert sich die Oberfläche des Brennraums, und so kühlt sich das Verbrennungsgemisch rasch ab. Die in den Spalten zurückbleibenden Gemischanteile können bei heißem Motor auch zu einem klopfähnlichen, harten Gang des Motors beitragen. Wie Versuche ergaben, ist die Lage der Glühkerze mittig des Hauptbrennraumes optimal. Bei Nasenkolben kann die optimale Lage etwas außermittig sein, meist zur Auspuffseite hin verschoben.

4.5. Die Glühkerze

Der Zündstelle der Glühzünder, der Glühkerze, möchte ich ein eigenes Kapitel widmen. In der Abbildung ist der prinzipielle Aufbau einer Glühkerze gezeichnet.

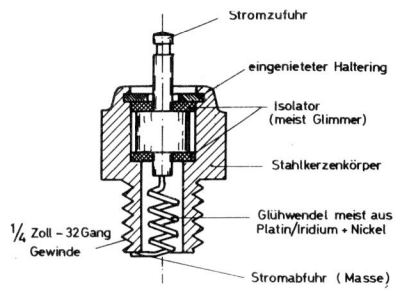

Abbildung 78

Die Glühwendel wird durch Strom aus einer Batterie zur Rotglut (hellrot) gebracht. In der Nähe dieser glühenden Wendel beginnt die Verbrennung des Kraftstoff-Luft-Gemischs. Das optimale Material für die Glühkerzenwendel soll eine Legierung aus Platin und Iridium sein. Dabei stellt man sich vor, daß das Platin als Katalysator wirkt und die Verbrennung beschleunigt in Gang bringt. Dies ist aber zweifelhaft. Wichtig bei den Glühkerzen ist nur, daß eine glühende Metallmasse vorhanden ist.

Die Vorgänge an der Glühwendel bei der Zündung haben immer noch eine gemischbildende Komponente. Es gelangen nämlich Kraftstofftröpfchen auf die Glühwendel und verdampfen dort. Diese Kraftstofftröpfchen kühlen die Glühwendel, so daß erst in der Verbrennungsphase wieder die Wendel von den heißen Verbrennungsgasen auf hellrote Glühtemperatur zurückgebracht wird. Es gibt nun sogenannte „heiße" oder „kalte" Glühkerzen. Bei diesen Glühkerzen ist der Raum um die Glühwendel entweder größer oder enger gehalten, oder die Glühwendel ist mehr aus dem Kerzenkörper herausverlagert.

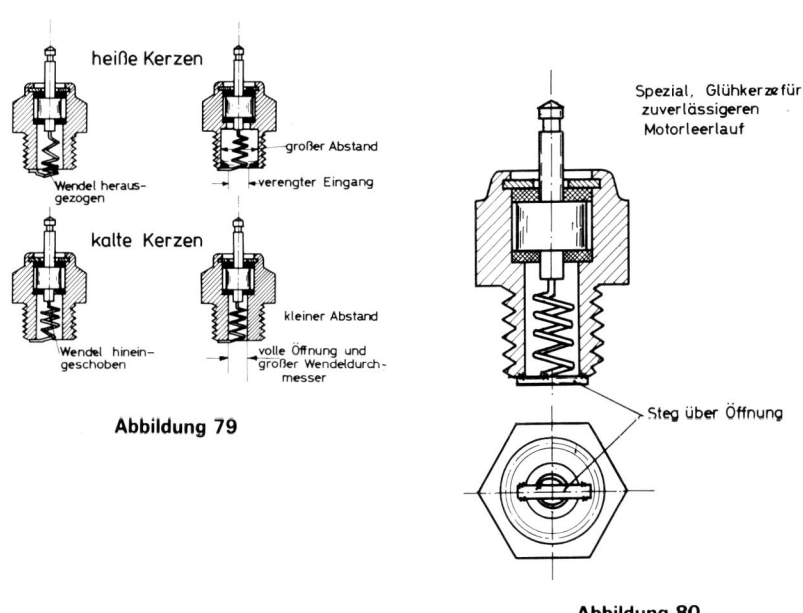

Abbildung 79

Abbildung 80

Für in der Drehzahl regelbare Glühkerzenmotoren wurden sogenannte Stegkerzen entwickelt.

Ein Metallsteg schirmt dabei die Austrittsöffnung des Kerzenkörpers teilweise ab. Der Sinn soll sein, daß so die Kerze bei Leerlauf nicht aufhört zu glühen. Folgendes ist die Wirkung des Stegs: Bei Leerlauf ist das Gemisch im allgemeinen noch kraftstofftropfenreicher, meist eher zu fett als zu mager. Diese Kraftstofftropfen würden die Glühwendel zu sehr kühlen, quasi auslöschen. Durch den Steg wird die Glühwendel vor Kraftstofftröpfchen abgeschirmt, und nur optimales Gasgemisch kann sich an der Wendel entzünden und hält die Kerzentemperatur immer im Glühbereich. Das Gleiche wie mit dem Steg könnte man mit einer engeren Bohrung unten an der Öffnung zur Glühwendel des Kerzenkörpers erreichen. Stegkerzen sind also besonders „heiße" Glühkerzen.

Als Glühwendelmaterial kann neben Platin auch Platin-Iridium, das sehr teuer ist, Nickeldraht oder Nickel-Wolfram-Widerstandsdraht verwendet werden. Gut geeignet ist auch ein Tantaldraht. Ein Durchschmelzen der Glühwendel kommt recht selten vor. Meist ist bei einem Versagen der Glühwendel der Draht nur wegen der Motorvibration oder einer klopfenden Verbrennung gebrochen. Das Problem, warum bei einigen Motoren dauernd Glühkerzen defekt werden, ist nicht ein Temperaturproblem – in diesen Motoren werden „heiße" und „kalte" Kerzen zerstört –, sondern ein Vibrationsproblem. Entweder schüttelt der Motor wegen einer Unwucht zu sehr, oder der Kraftstoff hat eine zu geringe Qualität und neigt zum Klopfen.

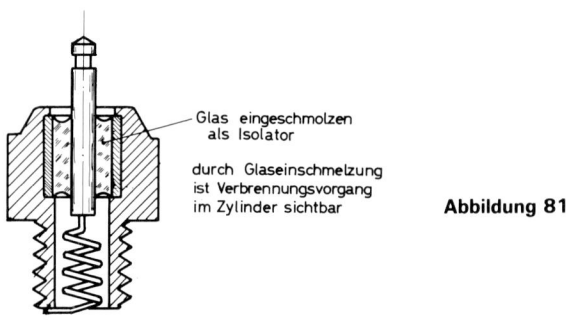

Glas eingeschmolzen als Isolator

durch Glaseinschmelzung ist Verbrennungsvorgang im Zylinder sichtbar

Abbildung 81

4.6. Der Kraftstoff für Modellmotoren

Für die heute verwendeten Motorentypen, den Dieselmotor und den Glühzünder, muß jeweils ein spezieller Kraftstoff verwendet werden. Bei den Dieselmotoren ist neben dem eigentlichen Kraftstoff noch als Zündkraftstoff Äther zugemischt. Bei einem Glühkerzenmotor sollte der Kraftstoff eine bei der motorischen Verbrennung zündträge und damit klopffeste Substanz sein.

Es ist bei den Kraftstoffen für Modellmotoren keineswegs gleichgültig, wie klopffest, ausgedrückt durch die Oktanzahl, die Kraftstoffmischung ist. Die Oktanzahl gibt das Mischungsverhältnis zwischen dem sehr klopffesten Isooktan und dem klopffreudigen n-Heptan eines Vergleichskraftstoffes an, der im Motor die gleiche Klopfstärke bei der Verbrennung ergibt. Da die Glühkerzenmotoren eine Verdichtung von 1 : 7 bis 1 : 12 haben, sollte aus Erfahrung diese Oktanzahl des Kraftstoffs nicht unter -90 Oktan (also 90% Isooktan und 10% n-Heptan im Vergleichskraftstoff) haben. Neben der Oktanzahl sind noch die leichte Mischbarkeit, der Preis, die Leistungsausbeute, bezogen auf die Ansaugluftmenge, entscheidende Kriterien für die Brauchbarkeit einer Substanz als Kraftstoff für einen Modellmotor. Nicht zuletzt ist die Giftigkeit der Substanzen oder deren Verbrennungsprodukte sowie die Neigung zum Explodieren wichtig. Hier eine Beschreibung der wichtigsten Substanzen, die in Frage kommen:

4.6.1. *Grundsubstanzen für Glühzündermotoren-Kraftstoffe*

a) *Methanol* oder auch Methylalkohol genannt, ist derjenige Alkohol mit nur einem Kohlenstoffatom, drei Wasserstoffatomen und der Sauerstoff-Wasserstoff-Alkohol-Gruppe. Er hat als Kraftstoff den Vorteil einer hohen Verdunstungswärme. Dadurch wird der Motor von innen heraus quasi gekühlt. Die Energieausbeute, bezogen auf das Ansaugluftvolumen, ist die höchste von allen Kraftstoffen, auch die Oktanzahl ist mit 98 hoch. Der Preis ist recht günstig, darum ist Methanol die Grundsubstanz für alle Glühkerzenmotorenkraftstoffe schlechthin. Für Modelldieselmotoren ist Methanol wegen der hohen Oktanzahl ungeeignet.

Unangenehm auswirken kann sich, daß Methanol sehr leicht die Luftfeuchtigkeit aufnimmt. Beim Einkauf von Methanol ist darauf zu achten, daß es möglichst 99prozentig und wasserfrei ist. Wird Methanol längere Zeit in offenen oder halbgefüllten Behältern aufbewahrt, so wird Wasser aus der Luftfeuchtigkeit aufgenommen. Es kommt zu erheblichen Schwierigkeiten mit dem Schmieröl, dem Anspringen des Motors und zu geringerer Motorleistung mit höherem Verschleiß.

Methanol ist sehr giftig und führt beim Genuß als „Schnapsersatz" zur Erblindung. Die Verbrennungsprodukte sind auch nicht harmlos, da sie die Schleimhäute reizen und zu Entzündungen führen.

b) *Äthanol* oder Äthylalkohol, bekannt auch als gemeiner Schnaps, wenn auf 30% − 40% Konzentration mit Wasser eingestellt, ist ähnlich in seinem Verhalten wie Methanol. Auch hier ist nur ein Äthanol mit über 99% Reinheit und Konzentration verwendbar. Der Preis ist höher, die Leistungsausbeute ist niedriger als bei Methanol. Die Handelsqualität ist meist vergällt, so daß ein Genuß, wenn überhaupt, nie mit über 40prozentiger Konzentration in Wasser, schrecklich schmeckt. Die Gesundheitsschädlichkeit ist auch bei Äthanol gegeben, wenn auch kein Erblinden eintritt.

c) *Benzin und Isooktan* ergeben einen hohen Heizwert je Liter und sind preisgünstig. Verbleites Tankstellenbenzin ist allerdings ungeeignet, da sich Ablagerungen aus dem Blei um die Glühkerze und am Kolben ergeben. Die Leistungsausbeute ist geringer als bei Alkoholen und auch die Verdampfungswärme ist schlechter. Daher führt ein Benzin-Isooktan-Zusatz zum Kraftstoff zum Überhitzen des Motors. Geringe Zusatzmengen von 5 bis 10% zu Methanol werden stabil gemischt und ergeben einen besseren und zuverlässigeren Leerlauf bei Glühkerzenmotoren mit Drosselvergasern.

Benzin und Isooktan ist gesundheitsschädlich. Gelangen diese Substanzen ins Blut, so kann schon bei wenigen Kubikzentimetern (ml) Benzin/Isooktan im Blut der Tod eintreten.

d) *Aceton*. Dies ist ein recht energiereicher Kraftstoff und kann Glühkerzen- und Dieselkraftstoffen zugemischt werden. Der Preis ist für hochprozentiges reines Aceton hoch, so daß Alkohole preisgünstiger sind. Die Mischung mit anderen Mineralölprodukten kann Schwierigkeiten bereiten. Aceton löst viele Farben und Leime auf.

e) *Benzol* wird hauptsächlich in Modelldieselkraftstoffen verwendet, dennoch ist Benzol in Mengen bis zu 10% dem Glühkerzenmotorkraftstoff für besseren Leerlauf zumischbar. Die Nachteile des Benzols sind: die Wärmebelastung des Motors wird höher, und die Verbrennungsprodukte des Benzols können sich im Motor als feste, kohleartige Substanz anlagern. Die gasförmigen Verbrennungsprodukte des Benzols können krebserzeugend wirken.

4.6.2. *Grundsubstanzen für Modelldieselmotoren-Kraftstoffe*

a) *Leichtes Heizöl*. Dieser billige Kraftstoff kann als Grundsubstanz für Dieselkraftstoffe verwendet werden. Allerdings enthält Heizöl meist noch Schwefel-Vanadium-Verbindungen, die unangenehm riechende Abgase ergeben, oder zu korrosivem Angriff der Kolben-Zylinder-Laufbahn führen.

b) *Petroleum*. Gut gereinigtes Petroleum ist der am meisten verwendete Grundstoff für Dieselkraftstoff. Petroleum ist ausreichend zündfreudig und hat einen günstigen Siedeverlauf. Petroleum sollte allerdings keine zu hochsiedenden Bestandteile haben und auch keinen zu hohen Olefinanteil, da sonst die mit Öl gemischten Kraftstoffe sich verändern und das Öl leicht verharzt.

c) *Paraffinöl.* Dieses Gemisch einiger Kohlenwasserstoff-Kettenmoleküle mit 15 bis 25 Kohlenstoffatomen ist sehr zündfreudig. Allerdings kristallisiert Paraffinöl bei Temperaturen unter $-10°$ C leicht aus, so daß der Kraftstoff dann geleeartig wird. Der Preis ist höher als bei Petroleum, dafür entstehen weniger Probleme bei der langzeitigen Lagerung von Kraftstoffgemischen.

d) *Äther.* Er dient hauptsächlich als Zündeinleiter bei Kraftstoffen von Dieselmotoren. Er hat einen geringen Energieinhalt und eine kleine Verdunstungswärme. Der Anteil im Kraftstoff sollte daher so gering als möglich gehalten werden. Im Glühkerzenmotor ergibt Äther nur bei Motorgrößen unter 0,8 ccm Hubraum einen gleichmäßigeren Lauf und leichteres Anspringen. Bei tiefen Außentemperaturen unter $-10°$ C ist ein Ätheranteil bis 10% in allen Glühkerzenkraftstoffen für leichteres Anspringen empfehlenswert. Beim Einkauf von Äther ist auf hochprozentige frische Ware zu achten, die auch noch „kräftig riecht".

Äther wird von der Haut, vom Darm und Magen und beim Einatmen über die Lunge aufgenommen. Mengen über 15 ml führen zunächst zu einer Narkose, die unter Umständen zum Tode führen kann. Also Vorsicht beim Einatmen und Hantieren mit Äther in geschlossenen Räumen. Äther-Luft-Gemische sind in weiten Mischungskonzentrationen hochexplosiv, daher nie beim Tanken rauchen!

4.6.3. *Mischungs- und Lösungsvermittler*

Da die Kraftstoffe für Modellmotoren aus unterschiedlichen Substanzen bestehen, die nicht immer im beliebigen Maß mischbar sind, werden Mischungs- oder Lösungsvermittler angewendet. Am häufigsten wird verwendet:

a) *Amylacetat* oder auch Birnenäther ist als Lösungsvermittler vielen Kraftstoffen bis zu 5% zugemischt. Amylacetat ermöglicht die Mischung von Alkohol und Schmieröl, sofern als Schmieröl nicht übliches Automotorenschmieröl verwendet wird. Amylacetat hat einen angenehmen Geruch, wirkt aber als Dampf eingeatmet berauschend. Bei wasserhaltigem Kraftstoff führt Amylacetat mit Rizinusöl zusammen zu harzartigen Substanzen und Ausflockungen im Kraftstoff.

4.6.4. Leistungssteigernde Dopmittel

Bei Glühkerzenmotoren sind eine Reihe von chemischen Substanzen als „Kraftfutter" bekannt. Diese Substanzen enthalten fast alle Sauerstoff und sind leicht zersetzlich.

a) *Nitromethan* ist das geeignetste Dopmittel für Rennkraftstoffe. Es hat eine hohe Energieausbeute, bezogen auf die Ansaugluftmenge; der Energiegehalt je Liter Nitromethan ist gering. Nitromethan mit Methanol gemischt, wird großtechnisch vor allem in den USA als Lösungsmittel in der Farbenindustrie verwendet. Bei uns in Europa sind preisgünstig (DM 10,— für Mischung 40/60 pro Liter) Mischungen aus Nitromethan und Methanol im Handel erhältlich. Hochprozentiges Nitromethan ist teuer, der Literpreis liegt um 50,— DM. Beim Einkauf sollte man auf wasserfreie Qualität achten, die farblos sein sollte. Gelbes oder gar braunes Nitromethan ist zersetzt und als Kraftstoffdopmittel ungeeignet, da es den Motor korrosiv angreift. Der Anteil von Nitromethan kann bis 50% im Kraftstoff betragen. Wasserzusatz zu Nitromethan kann Explosionen verursachen. Im Modellmotor mit Nitromethan im Kraftstoff bringt hohe Luftfeuchte Frühzündung und Nageln des Motors.

b) *Nitroäthan* ist weniger leistungssteigernd als Nitromethan. Es ist als reine Substanz etwas billiger. Die Klopffestigkeit und Oktanzahl ist höher als bei Nitromethan, es kann daher bei hochverdichteten Modellmotoren von Vorteil sein, vor allem in Verbindung mit Benzinanteilen im Kraftstoffgemisch.

c) *Dinitropropan* ist eine feste Substanz, die in Alkoholen löslich ist. Die Leistungssteigerung ist ähnlich der des Nitromethans. Die Beschaffung im Chemikalienhandel ist schwierig, da Dinitropropan als Sprengstoff gilt. Zusätze bis 10% im Kraftstoff ergeben eine Leistungssteigerung von 4—5%.

d) *Nitroglykol* ist eine sehr flüchtige Flüssigkeit. Sie braucht zum Verbrennen keinen Luftsauerstoff. Es ist ein hochexplosives Sprengöl. Zusatzmengen bis 5% im Kraftstoff ergeben eine erhebliche Leistungssteigerung. Allerdings ist ein Motor mit einem Nytroglykol-gedopten Kraftstoff nicht mehr mit einem Drosselvergaser bis zum Leerlauf herab regelbar.

e) *Tetranitromethan.* Eine noch höhere Leistungsausbeute bekommt man mit Tetranitromethan. Der Motor läuft auch ohne daß er Luftsauerstoff ansaugt, denn Tetranitromethan enthält gleichviel reaktiven Sauerstoff, bezogen auf das Volumen, wie flüssiger Sauerstoff. Daß diese Flüssigkeit zusammen mit Benzin oder Petroleum das stärkste Sprengstoffgemisch ist, braucht nicht zu verwundern. Von Tetranitromethan als Leistungszusatz ist nur abzuraten. Der Preis ist sehr hoch (etwa 50,— DM für 10 ml), es ist hoch giftig, die Dämpfe führen beim Einatmen zum Verätzen der Lunge, und in der Folge tritt Lähmung des Herzens ein. Wer sich mit dem Zeug nicht in die Luft sprengt, stirbt dafür am Herztod! — Dennoch soll erwähnt sein, daß mit 5% im Kraftstoff bis zu 500% Leistungssteigerung erreicht wurden, allerdings an Großmotoren mit zusätzlicher Wassereinspritzung in den Verbrennungsraum.

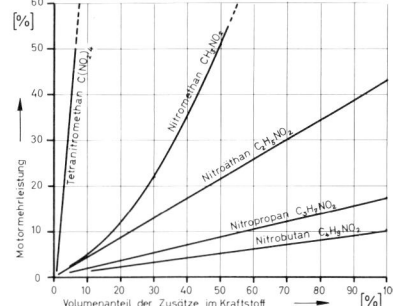

Abbildung 82

f) *Nitrobenzol* wurde vor Jahren häufig wegen seines Vornamens „Nitro" dem Kraftstoff zugesetzt. Es ist aber völlig wirkungslos auf die Leistung, im Gegenteil, eher leistungsbremsend. Dazu ist es äußerst giftig. Es wird gut durch die Haut aufgenommen und wirkt ähnlich auf das Blut wie Kohlenmonoxid. Selbst kleine Mengen vergiften das Blut so schwer, daß auch ein Arzt nicht mehr vor dem Erstickungstod bewahren kann. Wenn jemand unbedingt damit Sprit mischen möchte, dann nur mit Handschuhen. Putzlappen vernichten, und den Motor nach dem Laufenlassen gut auswaschen, da Rückstände im Motor das Kurbelgehäusemetall zersetzen.

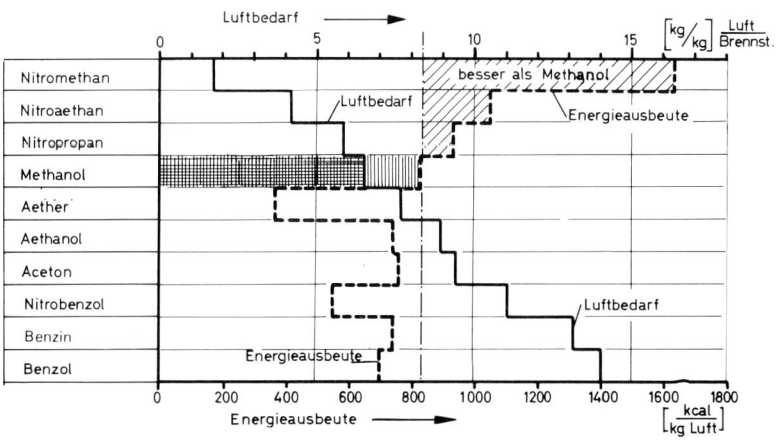

Abbildung 83

Bei Dieselmotoren bringen eine Leistungssteigerung sogenannte Zündbeschleuniger wie:

g) *Amylnitrat* ergibt eine raschere Zündung des Gemischs. 3 bis 5% werden dem Kraftstoff zugemischt. Amylnitrat ist schwach giftig.

h) *Amylnitrit* ist ebenfalls als Zündbeschleuniger wirksam. Es ist aber ein heimtückisches Gift und sollte daher nie verwendet werden.

i) *Zyklohexanolnitrat* oder auch Kerobrisol im Handel genannt, ist ähnlich wirksam wie Amylnitrat und ebenfalls schwach giftig. Lieferant ist die BASF in Ludwigshafen.

4.6.5. *Schmieröle*

a) *Motorenöle für Automobile.* Diese Öle sind Mineralöle mit mehr oder minder hohen Zusätzen, sogenannten Additiven, die spezielle Öleigenschaften für Automobilmotoren ergeben. Diese Schmieröle sind leider für Glühkerzenmodellmotoren ungeeignet, da diese Öle sich nicht mit Methanol mischen. Bei Dieselmotoren ist eventuell die dickflüssigste Sorte der SAE-Klasse 50 brauchbar, da Petroleum und Äther sich mit dem Öl mischen lassen.

b) *Rizinusöl.* Dieses Öl ist allgemein in der Medizin als Abführmittel bekannt. Es ist das beste Schmiermittel für den menschlichen Darm und auch für Motoren. Nur hat das Rizinus Nachteile. Es ist nicht temperaturbeständig und bildet auf heißen Motorteilen harzartige Ablagerungen. Dazu wird das Rizinus, wenn es in unverschlossenen Flaschen aufbewahrt wird, durch die Luftfeuchtigkeit und den Luftsauerstoff ranzig. Solche ranzigen Rizinusöle schmieren zwar noch gut, führen aber noch schneller zu den harzartigen Ablagerungen im Motor. Da Wasser und Sauerstoff eine Rolle bei diesem Vorgang spielen, sollte vor allem der Alkohol des Kraftstoffes für Glühkerzenmotoren höchstprozentig sein.

c) *Synthetische Öle.* Hier sind vor allem Esteröle oder Polyglykole geeignet. Die Esteröle werden in Flugturbinen verwendet, da sie sehr temperaturbeständig sind und keine Ablagerungen an heißen Turbinenteilen verursachen. Daher werden sich auch bei Esterölen im Modellmotor keine Rückstände bilden. Nachteil dieser Öle ist, daß sie teuer sind, etwas schlechter schmieren als Rizinus und sehr empfindlich auf Wasser reagieren. Mit Wasser zusammen zersetzen sich die Esteröle, es bilden sich Säuren, die das Metall des Motors angreifen. Diese Säuren erniedrigen auch die Oktanzahl des Kraftstoffs, so daß bei Glühkerzenmotoren Frühzündung und Klopfen auftreten kann. Die Meinungen über diese Öle gehen daher auseinander. Wenn diese

Öle mit wasserfreien Kraftstoffkomponenten gemischt werden und die Vorratsflaschen für den Kraftstoff gut verschlossen werden, sind diese Öle ideal. Eine Handelsmarke ist Castrol MSSR, oder KLOTZ-2 cycle-Racing oil in den USA.

4.6.6. Kraftstoffmischungen

Für Glühkerzen-Modellmotoren ist eine Grundmischung:

    20–30% Rizinus oder Castrol MSSR
    70–80% Methanol (mindestens 99,5%ig)

Für bessere Leistungsausbeute und etwas niedrig verdichtete Modellmotoren mit Glühkerzen wird Nitromethan zugesetzt. Hier ein Rezept für Rennkraftstoff. Der Nitromethananteil richtet sich auch nach dem Luftdruck und vor allem der Luftfeuchtigkeit. Bei trockener Luft ist mehr Nitromethananteil günstiger für optimale Motorleistung.

    20–30% Castrol MSSR
    10–50% Nitromethan (mindestens 97%ig)
    30–70% Methanol (mindestens 99,5%ig)

Für Diesel-Modellmotoren eine Grundmischung:

    20–30% Schmieröl (Motorenöl, Rizinus, Castrol MSSR)
    25–35% Äther
    Rest Petroleum, Paraffinöl oder leichtes Heizöl.

Für Rekordzwecke kann dem Kraftstoff noch 2 bis 5% Amylnitrat zugemischt werden. Die Einstellung des Kompressionsverhältnisses für den Motor muß dann allerdings nachgeregelt werden und ist von der Motortemperatur abhängig.

4.6.7. Lagerung von Kraftstoffen

Die Kraftstoffmenge die man aus den Substanzen mischt, sollte etwa innerhalb eines Monats verbraucht werden. Die Kraftstoffmischungen zersetzen sich durch Sonnenlicht und Luftfeuchtigkeit. Daher sollten die Flaschen oder Vorratstanks dunkel sein oder aus Blech. Auf dicht schließende Verschlüsse sollte geachtet werden. Kraftstoffmischungen, die Rizinusöl enthalten, flokken bei längerem Lagern aus, und der Kraftstoff sollte vor dem Tanken in ein Modell sorgfältig gefiltert werden. Braun oder dunkelgelb verfärbte Kraftstoffe für Glühkerzenmotoren sind nicht mehr risikolos für den Motor verwendbar. Länger gelagerte Dieselmotor-Kraftstoffe ohne Amylnitratzusatz sind auch bei Braunfärbung nach dem Filtern noch brauchbar. Bei Amylnitrat enthaltendem Dieselmotoren-Kraftstoff kann sich korrosiv wirkende Säure gebildet haben, daher ist dieser Kraftstoff nur kurzzeitig lagerfähig.

Die Substanzen aus denen die Kraftstoffe eventuell selbst gemischt werden, sollten nicht gerade in einem Raum lagern, der die Heizung des Hauses beherbergt. Die Dämpfe von Methanol und Äther sind explosiv. Nitromethan mit etwas Wasser gemischt, kann bei starker Erwärmung auf über 44° C, was eventuell in einer im Sonnenlicht stehenden Flasche mal geschehen kann, ohne äußeren Anlaß explodieren. In Mischung 1 : 1 mit Methanol ist Nitromethan in gut verschlossenen Behältern nicht explosiv, daher sollte man Nitromethan gleich mit hochprozentigem Methanol mischen und die Mischung aufbewahren.

4.7. Kühlung von Modellmotoren

Die Kühlung von Modellmotoren ist meist als Luftkühlung ausgelegt. Die Rippenhöhe und Rippenfläche ist bei den Motoren vom Hersteller so bemessen worden, daß der Luftstrom hinter einer Luftschraube ausreicht, den Motor zu kühlen. Schwierigkeiten bereitet nur die Kühlung, wenn ein Modellmotor in ein Schiff, in einen Hubschrauber oder Automodell eingebaut werden soll.

Bei Schiffsmodellen liegt es nahe, zur Kühlung des Motors Wasser zu verwenden. Für einige Motoren gibt es Wasserkühlmäntel, die um den Motorzylinder gelegt werden. Das Wasser wird, wie das Schema zeigt, meist hinter der Schiffsschraube abgenommen. Abb. 84.

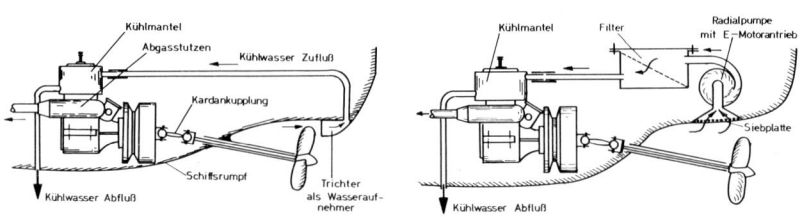

Abbildung 84   Abbildung 85

Diese Anordnung arbeitet zufriedenstellend, sofern das Gewässer in dem das Schiffsmodell schwimmt sauber und sandfrei ist. In verschmutzten Gewässern ist es besser, das Kühlwasser über eine Hilfspumpe und ein Filter anzusaugen. Abb. 85.

Da unser Wasser meist kalkhaltig ist, sollte der Kühlmantel von Zeit zu Zeit mit Kalksteinlöser gereinigt werden.

Schwieriger ist die Kühlung des Motors in Automodellen. Hier reicht der Fahrtwind selten zur Kühlung aus. Ein Kühlgebläse ist wegen des meist engen Einbaus nicht anwendbar. Hier hilft nur eine Vergrößerung der Kühlfläche. Bei kleinen Motoren reichen zur Kühlflächenvergrößerung meist Blechstreifen, die zwischen die Gehäusekühlrippen geschoben und mit Schrauben zusammengehalten werden. Abb. 86.

Bei einigen Motoren kann die Kühlfläche des Zylinderkopfs vergrößert werden, indem ein Kühlprofil aus Aluminium, wie man es für Leistungstransistoren verwendet, auf den Zylinderkopf aufgesetzt wird.

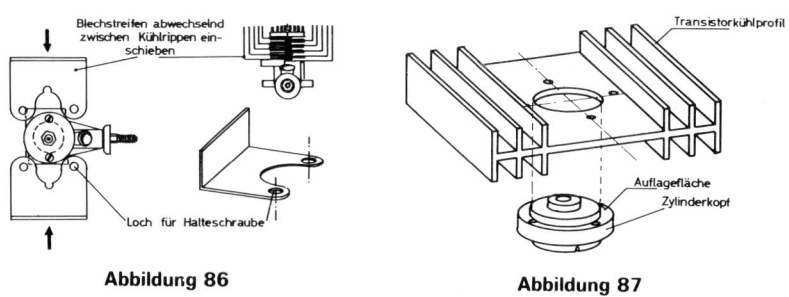

Abbildung 86   **Abbildung 87**

Diese Kühlungsart ist aber nur für ganz kurzen Vollastbetrieb von 1 bis 2 Minuten Dauer ausreichend. Für Dauervollastbetrieb ist nur ein Kühlluftgebläse erfolgversprechend.

Als Kühlluftgebläse ist ein Radialgebläse brauchbar. Günstig sind Räder mit einer Deckscheibe. Die Schaufelbreite B sollte 15 bis 30% des Raddurchmessers betragen. 6 radiale Schaufeln reichen aus. Abb. 88.

Wichtig zur guten Kühlung ist die Luftführung im Gebläsegehäuse und die Form des Gebläsegehäuses. Abb. 89.

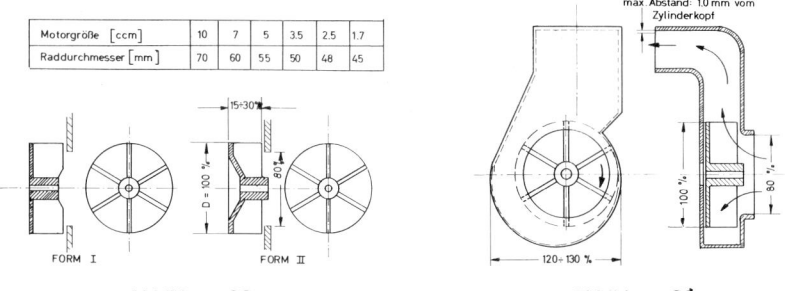

Abbildung 88   **Abbildung 89**

Das Gehäuse sollte den Kühlrippenanteil und den Zylinderkopf möglichst über die Zylindermitte hinaus eng umfassen. Vor allem am Zylinderkopf ist der Spalt zwischen Gebläsegehäuse und höchster Kühlrippe eng zu machen. Damit zwingt man die Kühlluft zwischen den Kühlrippen durchzutreten und auch gut zu kühlen.

Reicht bei all diesen Kühlungsarten die Kühlwirkung, ob mit Wasser, größerer Kühlfläche oder Gebläse nicht aus, so kann bei einem Glühkerzenmotor durch Unterlegen einer Dichtung zwischen Zylinderkopf und Zylinder die Verdichtung verringert werden. Dies ergibt einen späteren Zündungsbeginn und einen kälter laufenden Motor. Den gleichen Effekt erzielt man auch, wenn der Motor in der Gemischregulierung am Vergaser auf „fetter" eingestellt wird.

5. Zubehör zu Modellmotoren

5.1. Der Tank

Als Tank kann praktisch jedes Gefäß aus Blech oder lösungsmittelbeständigem Plastik verwendet werden.

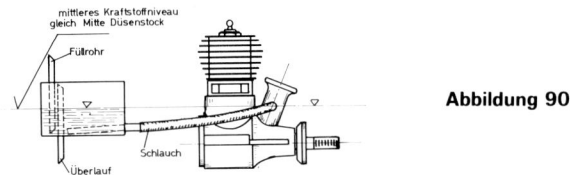

Abbildung 90

Da der Modellmotor meist sehr große Ansaugquerschnitte hat, ist der Unterdruck um den Düsenstock beim Ansaugen gering und der Kraftstoff wird nur wenige Zentimeter aus dem Tank hochgesaugt. Darum sollte der Tank so ausgebildet sein, daß das Kraftstoffniveau sich wenig verändert und bei dreiviertelvollem Tank etwa auf gleicher Höhe wie der Düsenstock liegt.

Günstige Tankformen sind flache Rechteckquerschnitte, schmale hohe Behälter sind ungeeignet. Der Tank kann aus Blech welch zusammengelötet werden oder aus einer rechteckigen Plastikflasche, die liegend in ein Modell eingebaut wird, gemacht werden. Die Abbildungen zeigen einige gebräuchliche Tankformen je nach Verwendung. Abb. 91, 92, 93.

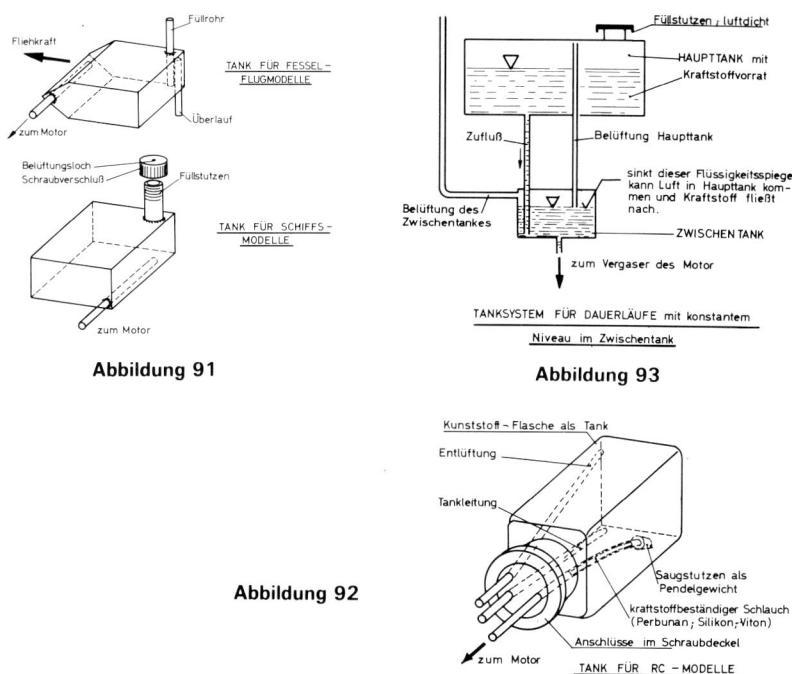

Abbildung 91

Abbildung 93

Abbildung 92

Die Tankgröße ist manchmal schwierig zu bestimmen. Hier kann folgende Faustformel etwas helfen.

Tankinhalt (ccm) = 3 x Motorhubraum (ccm) x Minuten Vollastlaufzeit

5.2. Schalldämpfer

Der Schalldämpfer ist heute für den Modellbauer gesetzlich vorgeschrieben. Es ist auch verständlich, daß nicht jedem Mitbürger der singende, heulende Ton eines Modellmotors reiner Ohrenschmaus ist. Daher meine ich, ist es selbstverständlich, wenn an Modellmotoren auch wirklich dämpfende Abgasanlagen montiert werden.

Der Lärm kommt dadurch zustande, daß beim Öffnen der Auspuffschlitze im Zylinder noch ein Überdruck bis zu 10 atü herrscht. Dieser Überdruck entspannt sich durch einen Druckstoß, der als knallartiges Geräusch unser Trommelfell im Ohr erreicht, bis auf Umgebungsdruck. Dieser Druckstoß sollte nun weniger heftig sein, damit wäre der Auspuffknall leiser. Wie so manches Mal in der Technik gibt es mehrere Möglichkeiten dazu:

Einmal kann man den Motor in eine genügend große Kammer hineinpuffen lassen, die nur eine relativ kleine Öffnung zur Umgebungsluft hat. Aus dieser kleinen Öffnung strömt nun das Abgas weniger stoßartig, mehr kontinuierlich und damit geräuschärmer. Leider hat bei Zweitaktmotoren diese Dämpferbauart Fehler. Es verbleibt im Zylinder ein hoher Gasdruck bestehen, viele heiße Abgase bleiben zurück und nur wenig Frischgas kann über den Überströmschlitz in den Motorzylinder strömen. Damit sinkt die Motorleistung rapide ab, der Motor überhitzt, und der Kolben kommt zum Fressen. Bei Glühzündermotoren ist dies höchstens für Leerlauf ein wünschenswerter Betriebszustand, denn ohne hohen Abgasgegendruck verbleibt zu wenig Restgas im Zylinder, und der Motor kühlt ab mit Erlöschen der Glühwendel.

Man kann aber auch den Druckstoß der Abgase beim Öffnen der Auspuffschlitze zum Spülen des Zylinders benutzen. Im Kapitel über Spülung habe ich schon über abgestimmte Abgasanlagen geschrieben. Danach setzt sich ein guter Auspuff aus zwei Teilen zusammen:

1. Leistungssteigernder Teil
2. eigentlicher Dämpfer

Wie der eigentliche Schalldämpfer nach dem leistungssteigernden Teil aus Rohr und Diffusor aussieht, ist gleichgültig. Prinzipiell wären folgende Dämpfer verwendbar:

1. Absorptionsdämpfer
2. Reflexionsdämpfer
3. Reihenfilter (Tiefpaß)
4. gestaffeltes Reihenfilter (Tiefpaß)

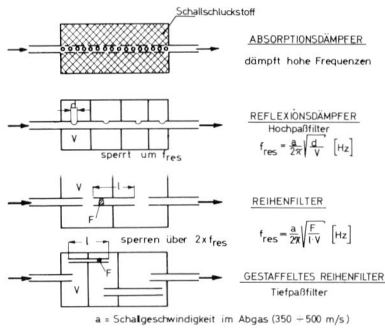

Abbildung 94

Der Absorptionsdämpfer dämpft vor allem die Frequenzen oberhalb von 500 Hz, also die hellen und unangenehmen Töne.

Er besteht aus einem durchgehenden Rohr mit vielen kleinen Bohrungen und einem mit Dämpfungsmaterial, wie Stahl- oder Steinwolle, gefülltem Behälter um das Rohr. Dieser Dämpfer wurde mit gutem Erfolg von einem Modellmotorenhersteller angewendet. Meiner Ansicht nach ist dieser Dämpfer nur als sogenannter Nachschalldämpfer geeignet. Wenn man, obgleich schon ein Dämpfer unmittelbar am Motor befestigt ist, zusätzlich noch dämpfen möchte, so ist ein Absorptionsdämpfer als Nachschalldämpfer gut brauchbar.

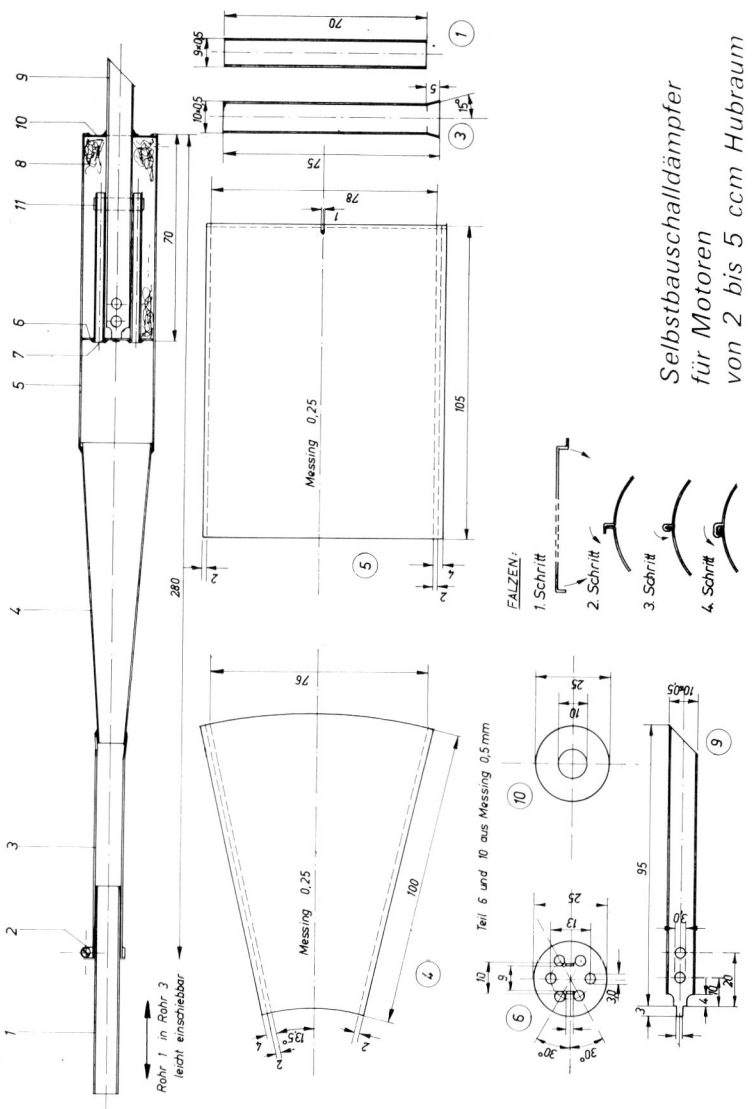

Abbildung 95

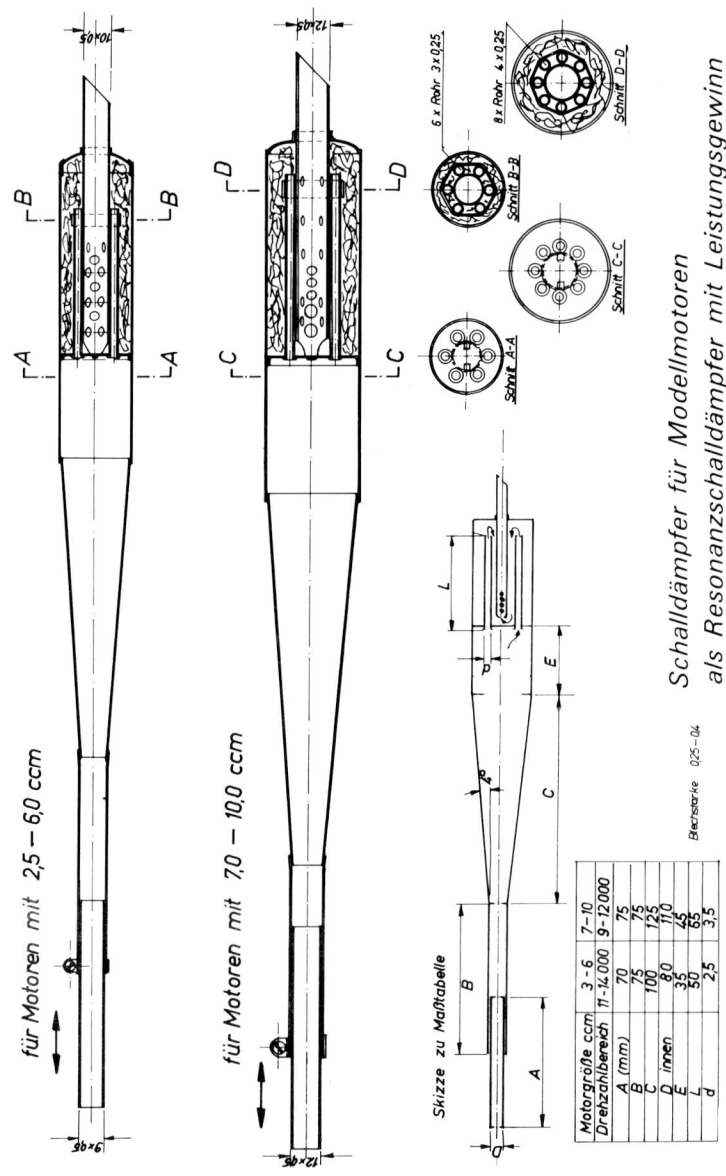

Abbildung 96

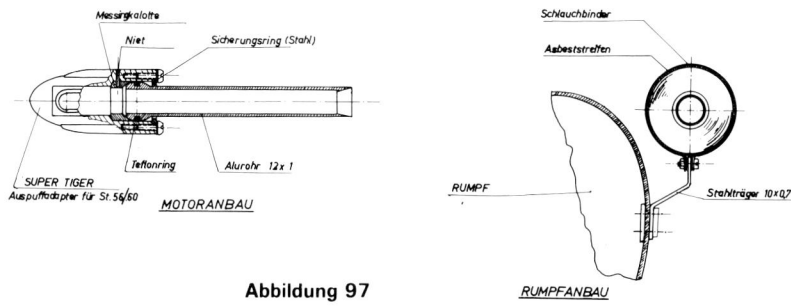

Abbildung 97

Der Hochpaßfilter ist geeignet für die Herausfilterung bestimmter unangenehmer Frequenzen. Er wird kaum verwendet. Dagegen ist das gestaffelte Tiefpaßfilter ein ausgezeichneter Dämpfer für Modellmotoren. Die Konstruktionszeichnung gibt die Maße für einen optimalen Auspuff mit einem leistungsanhebenden Teil und einem zweistufigen Tiefpaßfilter als Dämpfer.

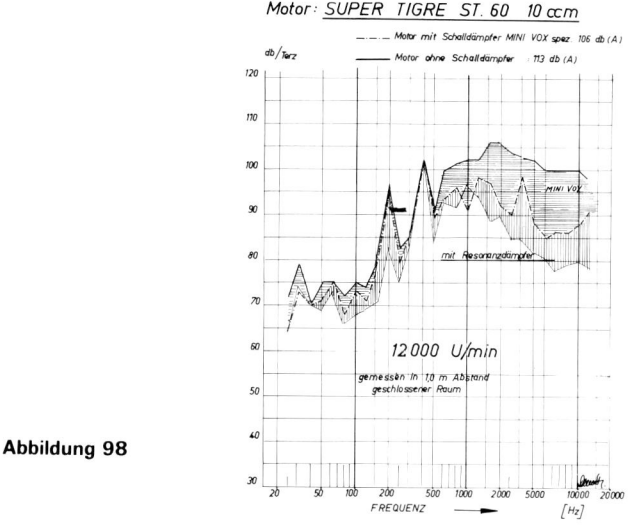

Abbildung 98

Die Diagramme Abb. 98, Abb. 99, Abb. 100 zeigen Messungen des Auspufflärms eines 3,5-ccm- und eines 10-ccm-Modellmotors.

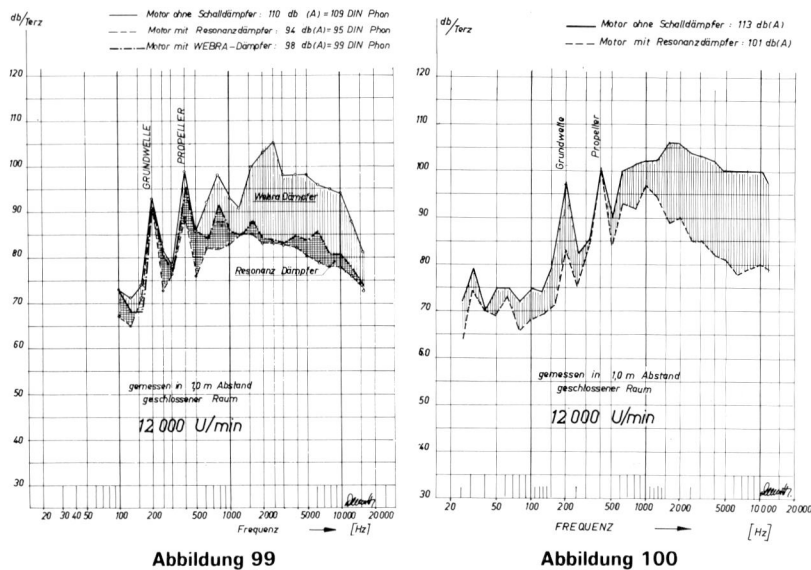

Abbildung 99 **Abbildung 100**

Der Lärm wird als Schalldruck, also dem Druck mit dem die Luftmoleküle auf unser Trommelfell drücken, gemessen. Das Ohr nimmt diesen Druck als Schallempfindung auf, und die Größe dieser subjektiven Schallempfindung nennt man Lautstärke. Unser Ohr ist nun für die einzelnen Tonhöhen verschieden empfindlich. Bei 1 000 Hz, also 1 000 Druckstößen je Sekunde auf unser Trommelfell, ist das Ohr am empfindlichsten. Bei dieser Frequenz wird noch ein Ton gehört, wenn der Druck auf das Trommelfell

$$p_0 = 2 \times 10^{-10} \text{ at} = 0,000\,000\,000\,2 \text{ kp/cm}^2$$

also etwa dem Druck entspricht, den eine Mücke auf einer Zeitung als Landeplatz ausübt. Wenn der Schalldruck auf unser Trommelfell höher wird, so wird schließlich ein so hoher Druck erreicht, daß das Trommelfell bersten kann. Aber schon vorher empfindet man Schmerzen beim Hören. Dieser Schalldruck beträgt ungefähr 0,2 at. Die Skala der Schallempfindungen wurde zwischen diesen beiden Extremwerten in 13 Teile logarithmisch geteilt. Man spricht von 10 Phon, 20 Phon usw. bis zu 130 Phon, bei der die Schmerzempfindung beginnt.

Unsere Modellmotoren erreichen bis zu 120 Phon in einem Abstand von 1 m zum Motor, sind also schon gehörschädigend. Wenn es gelänge, den

Auspufflärm der Modellmotoren auf einen Wert von 80 Phon herabzudämpfen, so würden unsere Motoren nur noch brummen und summen. Aus den Diagrammen geht hervor, wie weit man sich mit dem Resonanzdämpfer diesem Wert nähert. Ganz geräuschlos wird ein Modellmotor nie laufen, denn wie die Messungen zeigen, macht auch der Propeller selbst einen beachtlichen Lärm. Ein guter Schalldämpfer sollte alle Frequenzen über 500 Hz bedämpfen.

Folgende Schalldämpfer sind derzeit käuflich und in den Abb. 101–106 skizziert dargestellt.

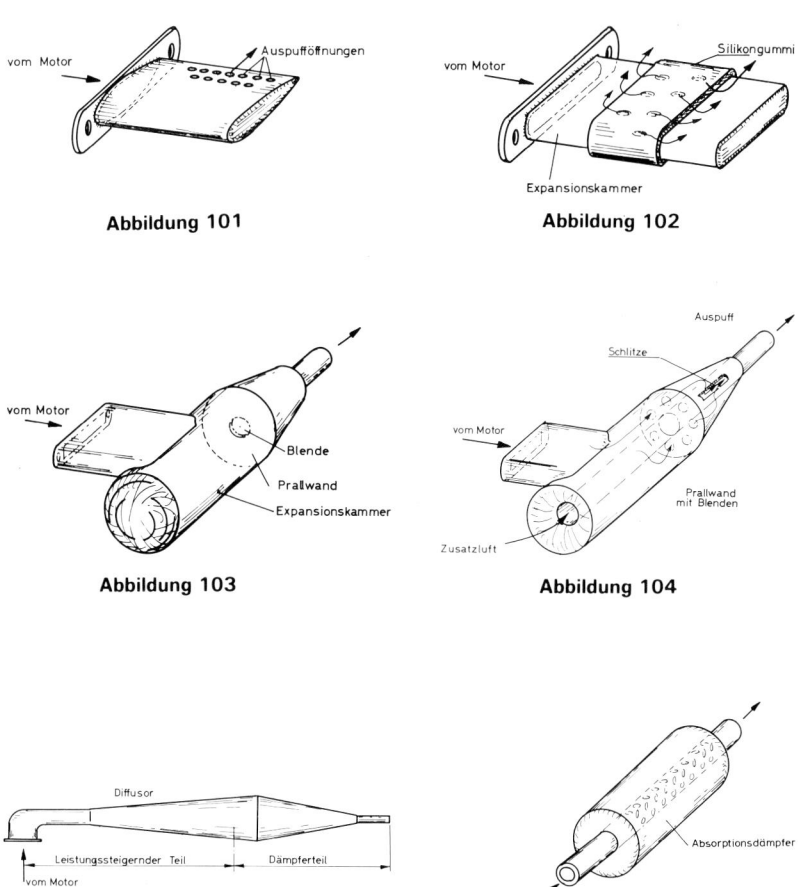

Abbildung 101

Abbildung 102

Abbildung 103

Abbildung 104

Abbildung 105

Abbildung 106

5.3. Propeller

Die Umsetzung der Motorleistung in Antriebsleistung erfolgt bei Flugmodellen meist mittels eines Propellers. Der Propeller ist im Prinzip ein rotierender Tragflügel, der gegenüber der anströmenden Luft einen Anstellwinkel haben muß. Da der Propeller ein rotierender Tragflügel ist, der sich gleichzeitig auch noch vorwärts schraubt, so ist das Propellerblatt schraubenförmig verwunden. Für eine Vorwärtsbewegungsstrecke pro Propellerumdrehung ist diese Verwindung des Propellerblattes genau bestimmt worden. Diese Strecke je Umdrehung, die sich der Propeller theoretisch in die Luft hineinschraubt, wird analog zum Gewinde einer Schraube „Steigung" genannt.

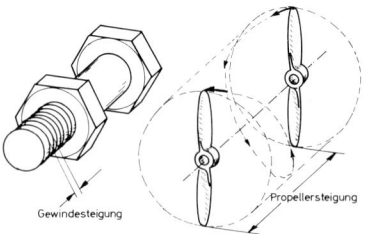

Abbildung 107

Es sollte nun bei einem Propeller so sein, daß bei der Bewegungsgeschwindigkeit des Modells das Propellerblatt immer noch einen Anstellwinkel gegenüber der Luft hat. Nur so kann ein Propeller auch das Modell ziehen.

> Für schnelle Modelle ist ein Propeller mit großer Steigung, also steil angestelltem Propellerblatt, richtig.

> Für langsamere Modelle ist ein Propeller mit kleinerer Steigung, also flach eingestelltem Propellerblatt, richtig.

Da unsere Modellmotoren nicht bei einheitlichen Drehzahlen laufen, gibt das folgende Diagramm die Propellersteigung an, die notwendig ist, um ein Modell mit einer bestimmten Geschwindigkeit vorwärts zu bewegen.

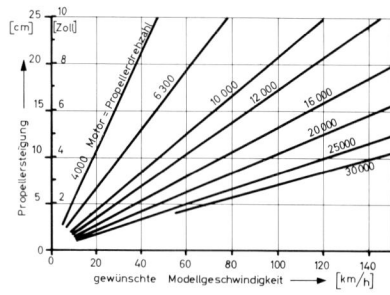

Abbildung 108

Die Umsetzung der Motorleistung in Geschwindigkeit des Modells über den Propeller erfolgt nicht verlustlos. Der Propeller hat einen sogenannten Schlupf. Dieser Schlupf kommt dadurch zustande, daß die Luft vom Propeller angesaugt wird und als Luftstrom mit beachtlicher Geschwindigkeit hinter dem Propeller abströmt. Die Bewegungsenergie dieses Luftstroms ist verloren und unnütz. Will man einen hohen Propellerschub haben, so sind große Propellerdurchmesser günstiger. Nur kann man einen Propeller nicht beliebig groß machen und ihn direkt mit der Motordrehzahl von 10000—20000 U/min antreiben, da mit zunehmender Umfangsgeschwindigkeit am Propellerblattende sich immer mehr die Luftreibung als Verlustfaktor bemerkbar macht. Daneben wird auch die Propellernabe durch die Fliehkraft des Blattes zunehmend beansprucht, so daß der Propeller zerspringt. Das folgende Diagramm zeigt die Grenzwerte.

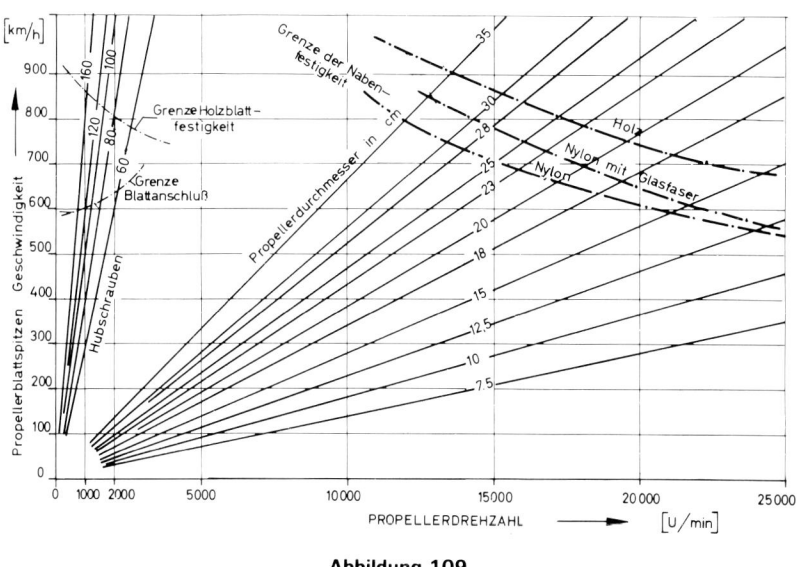

Abbildung 109

Es ist äußerst gefährlich, einen Propeller mit einer höheren Drehzahl zu betreiben, als in dem Diagramm für die einzelnen Propellerdurchmesser angegeben ist. Von einem zerspringenden Propeller werden die Propellerblätter etwa mit der Umfangsgeschwindigkeit weggeschleudert und wirken ähnlich wie Geschosse. Darum sollte man:

Sich nie in der Drehebene des Propellers aufhalten! Lebensgefahr!

Es ist ganz besonders wichtig, den Propeller auszuwuchten. Die meisten käuflichen Propeller sind nicht ausgewuchtet. Zum Auswuchten sollte man den folgenden Balancierstand bauen.

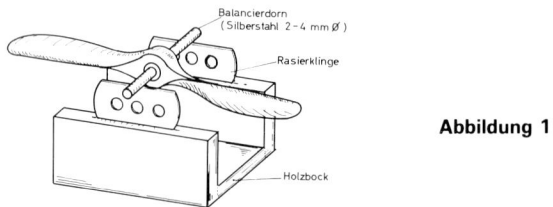

Abbildung 110

Durch Abfeilen des zu schweren Propellerblatts wird der Propeller statisch ausgewuchtet. Ein dynamisches Auswuchten ist meist nicht notwendig und auch schwierig zu verwirklichen. Damit der Propeller aber auch unwuchtfrei auf der Motorkurbelwelle läuft, sollte das Loch im Propeller genau auf den Kurbelwellendurchmesser abgestimmt sein. Ein Spiel von mehr als 0,1 mm ist schon nicht mehr zulässig. Ein solcher Propeller ist zu verwerfen oder, falls möglich, an der Nabe auszubüchsen. Beim Ausbüchsen schwäche man aber die Nabe nicht zu sehr, da sonst die Fliehkräfte den Propeller zerreißen.

5.4. Schiffsschrauben

Die Schiffsschrauben haben eine große Ähnlichkeit mit den Propellern. Auch hier sind zwei oder mehrere rotierende Propellerblätter an einer Nabe befestigt. Der Durchmesser der Schiffsschrauben ist wesentlich kleiner, als der der Propeller. Die Schiffsschraube arbeitet auch in einem wesentlich dichteren Medium, nämlich Wasser. Wasser hat rund die 80fache Dichte von Luft. Daher wäre auch zur Erzeugung des Vortriebs nur etwa 1/80 der von einem Propeller bestrichenen Kreisfläche notwendig, sofern die durch diese bestrichene Kreisfläche durchtretende Luft oder das Wasser die gleiche Strömungsgeschwindigkeit hätten. Schiffsmodelle bewegen sich aber wesentlich langsamer als Flugmodelle, so daß eine kleinere Steigung des Propellerblatts erforderlich ist. Wasser hat aber eine unangenehme Eigenschaft. Wird der Druck im Wasser an irgendeiner Stelle der Schiffsschraube geringer als der Dampfdruck des Wassers bei der herrschenden Temperatur, so tritt ein örtliches, kurzzeitiges Verdampfen und ein anschließendes Kondensieren des Dampfes auf. Dabei fallen die Dampfbläschen mit derartiger Wucht zusammen, daß das Material der Schiffsschrauben zerstört wird. Den Vorgang nennt man Kavitation. Der Wirkungsgrad und die Vortriebskraft der Schiffsschraube nehmen dabei natürlich auch ab. Es hat sich die folgende

Faustformel für die Ableitung des Durchmessers der Schiffsschraube aus den vom Motorenhersteller empfohlenen Propellerdurchmessern bewährt:

$$D_{Schiffsschraube} \approx \frac{1}{12} D_{Propeller} \cdot \sqrt{\frac{V_{Flugmodell}}{V_{Schiffsmodell}}} \cdot \sqrt{\frac{n_{Propeller}}{n_{Schiffsschraube}}}$$

Die Steigung der Schiffsschraube erhält man aus der geplanten Schiffsmodellgeschwindigkeit v und der Schiffsschraubendrehzahl n nach folgender Faustformel

$$H_{Steigung} [cm] \approx \frac{10\,000 \cdot V_{Schiffsmodell} [m/sec]}{n_{Schiffsschraube} [U/min]}$$

Üblicherweise, nehmen die Flügel der Schiffsschraube die halbe Fläche der bestrichenen Schraubenfläche ein. Bei extremen Auslegungen von Schiffsschrauben kann diese Fläche kleiner, aber auch wesentlich größer als die Schraubenfläche sein.

Abbildung 111

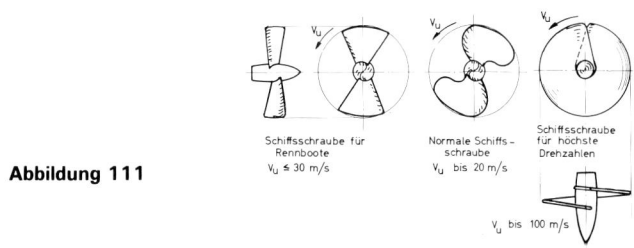

Bei Schiffspropellern sollte man tunlichst nicht mit einer höheren Drehzahl als 6000 U/min antreiben. Oberhalb dieser Drehzahl kann an der Schiffsschraube Kavitation auftreten, daher wird die Drehzahl des Verbrennungsmotors meist durch ein Zahnradgetriebe reduziert. Nur bei Rennschiffsmodellen wird die Schiffsschraube direkt mit dem Motor gekuppelt und dreht mit der gleichen Drehzahl wie der Motor. Häufig sind bei Rennbooten die Schiffsschrauben sogenannte Oberflächenläufer, tauchen also halb aus dem Wasser aus.

6. Umgang mit Modellmotoren

6.1. Erforderliche Motorleistung

Um Modelle zu bewegen, wird eine bestimmte Motorleistung benötigt. Bei Flugmodellen und auch bei Schiffsmodellen ist die Berechnung der Antriebsleistung nur unvollkommen möglich. Die Modelle haben unterschiedliche Größen und Gewichte, so daß die Ähnlichkeitsmechanik nicht immer angewendet werden kann.

6.1.1. *Flugmodelle*

Als Faustformel kann folgende empirische Beziehung gelten:

$$PS_{erforderlich} \approx \frac{1}{200} \text{ Modellgewicht [kp]} \cdot \text{Flächenbelastung [g/}_{dm^2}]$$

Die erforderliche Motorleistung nimmt quadratisch mit der Fluggeschwindigkeit des Modells zu. Daher kann die obige Faustformel nur für langsam fliegende Flugmodelle bis zu einer Fluggeschwindigkeit von 20 m/s angewendet werden. Die höchsten erreichten Geschwindigkeiten für Flugmodelle, angetrieben mit Kolbenmotoren, liegen für den Fesselflug an der Leine bei 250 km/h und für frei fliegende Modelle bei 320 km/h, bei Hubschraubermodellen bei 80 km/h.

6.1.2. *Schiffsmodelle*

Schiffsmodelle sind meist maßstäbliche Verkleinerungen von Vorbildern. Um ein ähnliches Wellenbild und damit eine modellgerechte Geschwindigkeit einzuhalten, kann die Ähnlichkeitsmechanik etwas helfen. Aus einem Diagramm kann die richtige Modellgeschwindigkeit je nach Nachbaumaßstab abgelesen werden. Abb. 112.

Die erforderliche Antriebsleistung hängt nun stark von der Formgebung des Schiffskörpers und dessen Wasserlage bei der zu erzielenden Geschwindigkeit ab. Abb. 113.

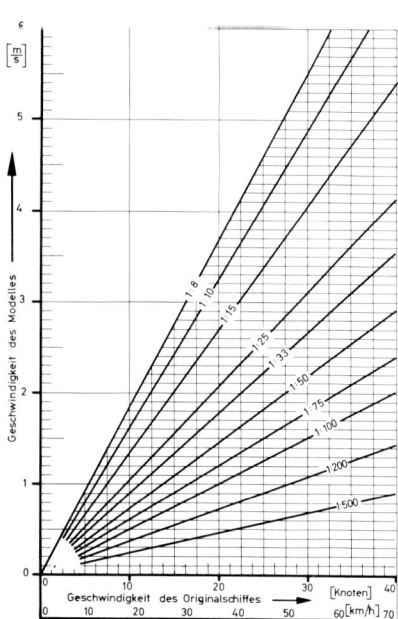

Abbildung 112

Für Nachbauten von sogenannten Verdrängungsschiffen, wie Handelsschiffen, Tankern und Schleppern, kann die folgende Faustformel verwendet werden:

$$\text{Leistung [Watt]} \approx 3 \cdot V^3_{\text{Schiff}} \text{[m/}_\text{s}\text{]} \cdot \sqrt{\text{Modellgewicht [kp]}} = \frac{1{,}36}{1000} \text{ [PS]}$$

Kommt ein Schiffsmodell ins sogenannte Gleiten, so sinkt die erforderliche Antriebsleistung auf etwa ein Viertel der nach der Faustformel errechneten Werte. Bei besonders schnell fahrenden Schiffsmodellen ist es ein Problem, Luft von der Schiffsschraube fern zu halten. Durch das Eindringen von Luftblasen in den Schraubenbrunnen, schlägt die Schiffsschraube quasi nur Schaum ohne Vortrieb zu erzeugen.

Abbildung 113

6.1.3. *Hubschraubermodelle*

Über die Antriebsleistung von Hubschraubermodellen ist recht wenig bekannt. Bei einer annähernd verlustfrei arbeitenden Antriebsmechanik ist die erforderliche Antriebsleistung für den Schwebeflug im Bodeneffekt aus der sogenannten Flächenbelastung, der von den Rotorblättern bestrichenen Fläche, näherungsweise berechenbar. Typische Werte für ausgeführte Hubschraubermodelle sind:

Leistungsbelastung: 5 kp/PS Motorleistung
Flächenbelastung: 2,5 kp/m² Rotorfläche

Für das Hubschraubermodell „Bell 212 Twin Jet", das mit einem gebläsegekühlten Motor mit etwas mehr als 1,0 PS bei 12000 U/min abgegebener Kupplungsleistung angetrieben wird, gilt das nebenstehende Leistungsdiagramm:

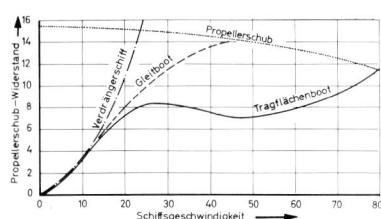

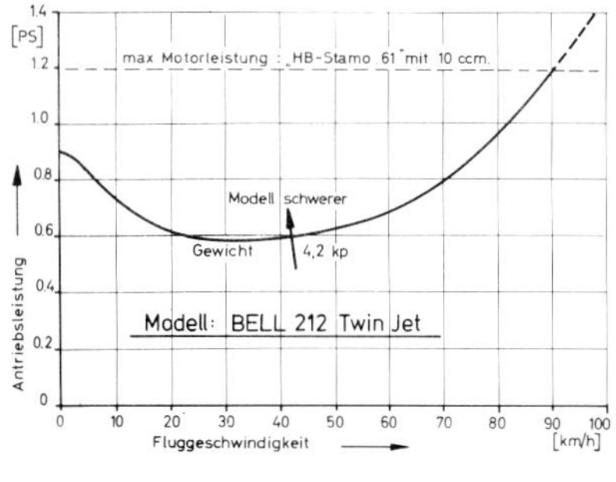

Abbildung 114

6.1.4. *Automodelle*

Bei Automodellen ist die erforderliche Antriebsleistung aus zwei Komponenten zusammengesetzt, aus Rollwiderstand und Luftwiderstand. Für Fahrgeschwindigkeiten bis etwa 5 m/s ist der Rollwiderstand hauptsächlich vom Antriebsmotor zu überwinden. Der Rollwiderstand wird kleiner bei größerem Raddurchmesser oder glatterem Boden und bei härteren Rädern und Boden. Über 5 m/s nimmt der Luftwiderstand immer mehr zu. Auf Kreisbahnen mit gefesselten Automodellen werden schon Geschwindigkeiten von knapp 300 km/h erzielt. Ferngesteuerte Fahrzeugmodelle haben selten eine höhere Geschwindigkeit als 40 km/h, wozu eine Antriebsleistung von ca. 0,1 PS benötigt wird. Häufig ist in diesen Modellen ein Motor mit einer Leistung von 0,3 bis 0,4 PS eingebaut, der dann für die Fahrt mit gleichmäßiger Geschwindigkeit gedrosselt wird. Die Leistung des Motors wird nur zum Anfahren oder Beschleunigen in voller Höhe kurzzeitig benötigt.

6.2. **Motoreinkauf**

Hat man sich zum Antrieb eines Modells mittels Verbrennungsmotor entschlossen und die Größe und Type ermittelt, so möchte man natürlich im Geschäft auch den besten Motor dieser Type aussuchen. Vor Jahren waren die Unterschiede zwischen den Motoren der gleichen Type noch stark. Ein Motor lief zum Beispiel nur schlecht und widerwillig an und brachte nur ein Viertel der vom Motorenhersteller angegebenen Leistung. Andere Motoren des gleichen Types liefen zwar, aber nur wenige Stunden und waren dann ausgeschlagen. Andere Motoren liefen einige hundert Stunden einwandfrei. Damals war es wirklich empfehlenswert, sich vor dem Kauf das Objekt „Motor" genau anzusehen und zu prüfen. Heute werden aber die Modellmotoren mit höchster Genauigkeit und größter Sorgfalt hergestellt, so daß ein Motor so gut ist wie der andere. Ob nun ein Motor langlebig ist oder nicht, hängt einmal von den Betriebsbedingungen, dem Kraftstoff und Schmiermittel und dem Einlaufen des Motors ab.

Nicht unnötig ist es, wenn man den Motor im Laden mit einer montierten Luftschraube einmal durchdreht, um die Dichtheit des Kolbens im Zylinder zu prüfen. Kolben ohne Kolbenringe sollten annähernd dicht auch bei höchster Kompression sein und aus der oberen Umkehrlage leicht zurückschnappen, also nicht in OT klemmen.

Motoren mit Leichtmetallkolben und Kolbenringen sind beim einfachen Durchdrehen nicht vollständig abdichtend. Je dichter ein Kolben zwar bei dieser Prüfung ist, um so niedriger und besser ist der Leerlauf, doch kann das Einlaufen hier vieles völlig verändern.

6.3. Einlaufen von Modellmotoren

Hat man nun so einen Modellmotor gekauft, so möchte man den Motor auch gleich einmal ausprobieren. Aber vor dem Probieren sollte der Motor eingelaufen werden.

Bei Motoren mit Leichtmetallkolben und Kolbenringen kann der Motor sofort in das Modell eingebaut werden, und im Modell erfolgt der Einlauf. Daß es dem Motor schadet und dazu noch sehr gefährlich ist, ihn in einen Schraubstock einzuspannen und so die ersten Laufversuche zu machen, ist wohl einleuchtend. Sollte der Motor nicht gleich in ein Modell eingebaut werden können, so ist er auf einem speziellen Einlaufbock, wie er im Handel ist, oder auf einem ausgesägten Sperrholzbrett von mindestens 12 mm Stärke aufzuschrauben.

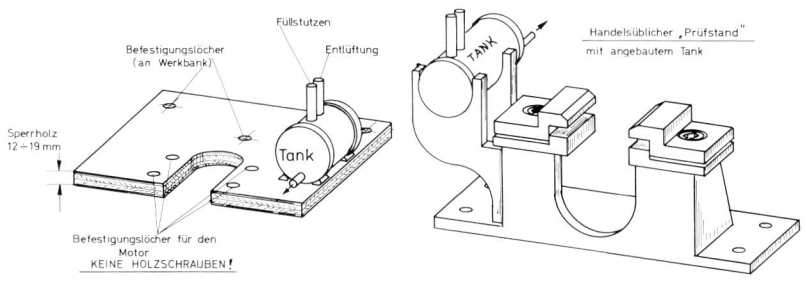

Abbildung 115   **Abbildung 116**

Zum Festschrauben des Motors sind Gewindeschrauben M 3,5 bis M 4 für Motoren von 6 bis 10 ccm Hubraum und M 3 für kleinere Motoren zu verwenden. Unterlagsscheiben und Sprengringe sind wohl selbstverständlich. Ist nun der Motor fest montiert und die Kraftstoffzuleitung angeschlossen, sollte man die Gebrauchsanweisung durchlesen. Dort steht, welcher Kraftstoff zu verwenden ist und wie weit die Düsennadel zu öffnen ist.

Allgemein sollte man zum Einlaufen keinen Rennkraftstoff verwenden, sondern eher ein mehr ölhaltiges Gemisch. Empfehlenswert ist, für den ersten Lauf einem handelsüblichen Kraftstoff noch 5—10 Vol/% Rizinusöl zuzumischen. Immer mit Schalldämpfer einlaufen lassen! Ist der Motor angesprungen, so sollte er höchstens mit zwei Drittel seiner Höchstleistungsdrehzahl drehen, also zwischen 9000 und 10000 U/min. Darum ist es notwendig, einen möglichst großen Propeller zu nehmen. Der Vergaser wird so einreguliert, daß der Motor „fett" läuft. Nach etwa 5 Minuten Laufzeit ist der Motor zu stoppen. Dies geht gut bei einem Drosselvergaser, indem man auf

Motorleerlauf geht und einen Lappen in die Luftschraube wirft. Ein Abklemmen der Kraftstoffzufuhr ist ungeschickt, da dann der Motor kurzzeitig „mager" läuft und sich einen Anfresser holen kann.

Auch ist es gefährlich, so eben einmal kurz zu schauen, wie hoch der Motor drehen kann. Nur, wenn der Motor mit jeweils 5 Minuten fett eingeregeltem Vergaser etwa 1 Stunde gelaufen ist, kann der Vergaser langsam auf „magerer" eingestellt werden. Nach etwa 2 Stunden Laufzeit ist der Motor so weit eingelaufen, daß er im Flug- oder Schiffsmodell auch mit magerer Vergasereinstellung längere Zeit durchläuft.

In Ausnahmefällen ist der Einlaufvorgang nach 2 Stunden noch nicht ganz beendet, aber mehr als 3 Laufstunden braucht kein Motor mit Leichtmetallkolben und Kolbenring zum Einlaufen. Fällt der Motor nach mehr als 3 Laufstunden nach kurzem Vollgaslauf in der Drehzahl ab und quält sich beim Weiterlaufen, so klemmt der Kolben im Zylinder. Der Motor ist damit ein Garantiefall und sollte an den Hersteller eingeschickt werden. Die Ursache für ein derartiges Kolbenklemmen kann eine zu enge Kolben-Zylinder-Einpassung sein, Ölkohleablagerungen am Kolben, Anschlagen des Kolbens am Zylinderkopf oder stärkerer Zylinderverzug.

Bei Motoren mit geläpptem Kolben ist der Einlaufvorgang ähnlich. Meist ist es aber erforderlich, den Motor mehr als eine Stunde mit kurzen Läufen zu betreiben. Klemmt der Kolben nach mehr als 5 Laufstunden immer noch im heißen Zustand, so kann man einen solchen Motor retten, wenn man den Kolben im Zylinder vorsichtig nachläppt.

Dieses Nachläppen macht man zweckmäßigerweise so, daß man den Kolben mit Pleuel umgekehrt in den Zylinder einschiebt. Als Läppaste haben sich Metallpolierpasten bewährt, wie sie die Hausfrau zum Polieren von Messingteilen oder der Hausherr für die verchromte Stoßstange des Autos verwendet. Durch leichtes Drehen und Hin- und Herschieben des Kolbens im Zylinder, wobei ein Rundholz als Griff in das untere Pleuelauge gesteckt ist, wird so lange geläppt, bis der saubere und leicht geölte Kolben ohne Klemmen ganz durch den Zylinder geschoben werden kann. Nach dem Einläppen des Kolbens im Zylinder ist ein neues Beginnen mit dem Einlaufen notwendig.

Was geschieht, wenn der Motor nicht so einläuft und man ihn gleich auf Höchstleistung einstellt? Nun, ein derartiger Motor wird nie ein besonders gutes und leistungsfähiges Exemplar werden. Auch wenn in der Gebrauchsanleitung nichts über das Einlaufen vermerkt ist, sollte man dennoch den Motor in der ersten Betriebsstunde mit „fetter" Vergasereinstellung bei mäßigen Drehzahlen betreiben.

Zugaben von speziellen Einlaufpasten zum Kraftstoff oder Additive haben keine Beschleunigung des Einlaufvorgangs gebracht und sind meist unnütz.

6.4. Starten von Modellmotoren

Aus den Anfängen der Modellmotoren erzählt man sich eine Geschichte von einem Modellbauer, der unordentlich und schlampig seine Modelle zusammengeschustert hatte. Nach seinem Tod bekam er als Buße von Petrus einen KRATMO-30-ccm-Modellmotor mit dem Auftrag, diesen anzuwerfen.

Es war schon eine schwere Arbeit, einen Modellmotor aus der Vorkriegszeit zum Laufen zu bewegen. Stundenlanges Anwerfen am Propeller oder Abziehen einer Schnur von einer Schnurrolle, bis endlich das Motörchen heiser hustete, spuckte und dann wieder verstummte. Ein Weltwunder, wenn der Motor dann lief.

Motoren mit einem Drosselvergaser und einem Hubraum über 5 ccm startet man meist mit nur zu einem Viertel geöffneten Drosselküken, also mit „viertel Gas". In den Vergaser gibt man einige Tropfen Kraftstoff und dreht den Motor einige Umdrehungen durch.

Für Schiffsmodelle, Hubschrauber oder größere Motoren gibt es verschiedene elektrische Starter. Die Anlassermotoren sind meist Scheibenwischermotoren aus Automobilen. Häufig wird ein 6-Volt-Scheibenwischermotor mit 12 Volt betrieben um genügend Durchzugskraft zu bekommen. Mit einem elektrischen Anlasser ist das Starten von Medellmotoren unproblematisch. Allerdings sind die Schalter zu diesen Anlassermotoren rasch verbraucht und der einzige schwache Punkt.

Für die Selbstbauer von elektrischen Anlassern hier einige typische Daten für die Elektromotoren:

Motorleistung	:	60–90 Watt
Drehzahl	:	3 000–3 500 U/min
Losbrechmoment	:	80 cmkp

Empfehlenswert ist, in die Zuleitung des Stroms zum Vorglühen der Glühkerze ein Amperemeter einzuschalten. So erkennt man sofort, ob der Anschlußstecker zur Kerze richtig Kontakt gibt oder ob die Kerze in der Glühwendel Unterbrechung hat. Bei einigen Modellmotoren sind die Zylinderköpfe bunt eloxiert. Diese Eloxalschicht isoliert elektrisch gut, und hat man kein Meßinstrument in den Stromkreis zur Glühkerze eingeschaltet, so kann man einen schlechten Kontakt nicht erkennen, eventuell glüht die Glühkerze nicht oder zu dunkel. Abb. 117.

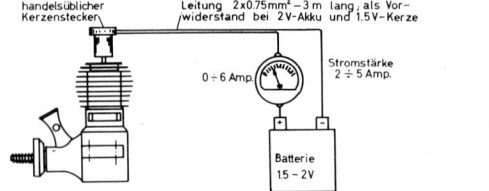

Abbildung 117

6.5. Einregulieren von Vergasern

Das Einregulieren des Vergasers auf den verwendeten Kraftstoff, den Propeller oder die Schiffsschraube, das Modell und das Wetter ist eigentlich keine schwere Arbeit. Dennoch ist die häufigste Beanstandung an Modellmotoren deren Unzuverlässigkeit im Betrieb. Die Ursache liegt meistens im schlechten Einregulieren des Vergasers oder an der unmöglichen Tankeinbaulage. Wenn der Tank möglichst nahe am Motor montiert wurde, der Kraftstoffspiegel im Tank bei zwei Drittel gefülltem Tank auf der Höhe der Düse im Vergaser liegt und ein handelsüblicher Kraftstoff oder ein Kraftstoff nach empfohlenem Rezept verwendet wird, ist nur der Vergaser exakt einzuregulieren, um einen zuverlässig laufenden Modellmotor zu erhalten.

Der Motor wird, wie beschrieben, gestartet. Dann bringt man bei einem Drosselvergaser das Drosselküken langsam auf Vollgasstellung. Meistens wird der Motor etwas stotternd laufen, im sogenannten „Viertakt". „Viertaktlauf" hat in der Bastlersprache ein Motor, der ein stark überfettetes Gemisch ansaugt, also zu viel Kraftstoff in der angesaugten Luft zugemischt bekommt. Dieses fette Gemisch zündet nicht bei jeder Umdrehung, sondern meist nur jede zweite Kurbelwellenumdrehung. Daher der Name „Viertaktlauf", da ein Viertaktmotor auch nur jede zweite Umdrehung zündet.

Was in solch einem Fall des „Viertaktlaufs" bei Vollgasstellung zu tun ist, ist einfach. Die Düsennadel wird *langsam* zugedreht. Der Motor kommt immer mehr auf Touren und singt bald auf Höchstdrehzahlen. Dreht man nun die Düsennadel *ganz langsam* weiter zu, so fällt die Höchstdrehzahl des Motors geringfügig, und es kommen bei weiterem Zudrehen der Düsennadel Zündaussetzer und dann ein Stillstand des Motors.

Das Stehenbleiben des Motors ist unerwünscht. Dies geschieht in Vollgasstellung des Vergasers bei Drosselvergasern oder bei nicht drosselbaren, einfachen Vergasern, wenn das Kraftstoff-Luft-Gemisch zu mager ist. Daher ist der Vergaser so einzuregulieren, daß der Motor eher mit einer fetten Gemischeinstellung läuft, also in einer Stellung, in der er gerade vom „Viertaktlauf" in regelmäßig zündenden Zweitaktlauf übergeht. Es ist meist uninteressant, aus dem Motor die letzten Umdrehungen an Höchstdrehzahl durch weiteres Abmagern des Gemischs herauszuholen, da bei der geringsten Lageänderung des Tanks zum Vergaser der Motor stotternd stehenbleibt.

Hat man bei einem Flugmodell den Vergaser nun so eingestellt, so wird das Modell in alle denkbaren Fluglagen gehalten und geprüft, ob der Motor auch in diesen Fluglagen weiterläuft. Eventuell kann man durch geringes Abmagern oder fetteres Einstellen noch eine günstigere Vergasereinstellung finden.

Leider ändern sich im Flug die Luftdrücke um ein Flugmodell. So könnte die Tankentlüftung am Rumpf gerade an einer Stelle enden, an der etwas mehr Unterdruck herrscht als am Ansaugstutzen des Motors. In einem solchen Fall wird das Gemisch im Flug abgemagert. Der Motor muß ja gegen den Unterdruck im Tank ansaugen.

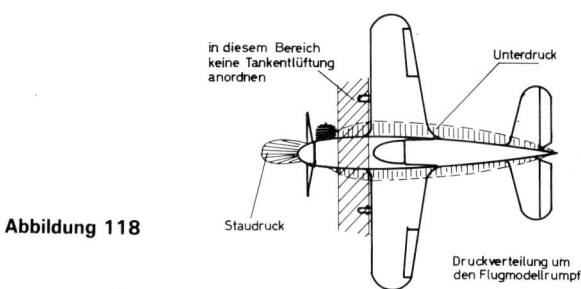

Abbildung 118

Eine Verbesserung des Kraftstoffzuflusses bringt der Drucktank, wobei meist aus dem Schalldämpfer Gasüberdruck entnommen wird. Dieser Auspuffüberdruck wird mit einem Schlauch zum Entlüftungsröhrchen des Tanks geleitet.

In diesem Fall, in dem Druck aus dem Schalldämpfer in den Tank geleitet wird, kann der Motorvollgaslauf am Boden etwa bis zur besten Motorleistung eingeregelt werden. Im Flug des Modells ändert sich kaum mehr etwas.

Etwas schwieriger ist bei Drosselvergasern der Leerlauf einzustellen. Bei den meisten Vergasern kann der Luftspalt am Drosselküken durch eine Anschlagschraube verändert werden. Der Spalt wird so eng eingestellt, bis der Motor mit etwa 3000 U/min im Leerlauf läuft. Da aber das Drosselküken einen starken Unterdruck um die Kraftstoffaustrittsdüse bewirkt, überfettet der Motor sein Gemisch bei Leerlauf. Der Motor fällt in seiner Leerlaufdrehzahl dadurch langsam weiter ab und bleibt nach einigem Stottern stehen. Die Kraftstofftröpfchen des Gemischs haben die Glühkerze gelöscht. Zwei

Möglichkeiten, dieses Kerzenlöschen zu verhindern, sind möglich. Einmal könnte man aus einer Hilfsbatterie im Leerlauf die Kerze mit Strom auf Glühtemperatur halten, oder man schafft am Vergaser eine Möglichkeit zum Abmagern des Gemischs bei Leerlauf.

Von der letzten Möglichkeit machen fast alle heute verwendeten Drosselvergaser Gebrauch. Bei einigen einfachen Vergasern kann eine Zusatzluftöffnung mit einer Querschraube mehr oder minder verschlossen werden. Mit viel Zusatzluft wird das Gemisch magerer, also öffnet man für ein richtiges Leerlaufgemisch die Zusatzluftöffnung.

Bei zu fettem Gemisch wird der Motor im Leerlauf immer langsamer, stottert und bleibt stehen. Bei zu magerem Gemisch dreht der Motor nach einigen Augenblicken Leerlauf etwas höher, beginnt zu spucken, hat Zündaussetzer und bleibt im Endeffekt auch stehen. Der Leerlauf ist im Kraftstoffgemisch richtig eingestellt, wenn der Motor im Leerlauf *gleichmäßig* weiterläuft und nach 3 bis 4 Minuten Leerlauf noch ohne zu stottern Vollgas annimmt.

Bei verschiedenen Vergasern, wie Kavan, OS, Webra und Perry, um nur einige zu nennen, kann über eine zweite Düsennadel oder ein Drehventil die Kraftstoffmenge für den Leerlauf genau einreguliert werden. Auch hier ist das Gemisch so weit abzumagern, bis der Motor im Leerlauf gleichmäßig weiterläuft, nicht in der Drehzahl ansteigt oder abfällt und nach längerem Leerlauf das Vollgas, ohne abzustellen, annimmt. Bei einigen Motortypen, vor allem bei Motoren mit Leichtmetallkolben und Kolbenringen, fällt auch bei bester Vergasereinstellung der Leerlauf mit der Zeit etwas ab. Das kommt durch das Abkühlen des Kolbens, der dann nicht mehr so gut abdichtet, so daß etwas Kompression verlorengeht. Läuft aber so ein Motor nach 10 Minuten Leerlauf ohne Stillstand und kann auf Vollgas gebracht werden, wobei der Motor bei Vollgasstellung meist kurzzeitig „Viertaktlauf" zeigt, so ist der Vergaser richtig eingestellt, aber der Motor ist nicht optimal in der Kolbenabdichtung.

Kann ein Motor mit aller Mühe und Sorgfalt nicht auf einen zuverlässigen Leerlauf einreguliert werden, so ist meist ein Harzpfropfen im Vergaser. Diese Harzablagerungen bilden sich vor allem bei Rizinusöl im Kraftstoff. In diesem Fall ist der Vergaser vollkommen zu zerlegen, zu prüfen und zu reinigen. Die Kraftstoffzuleitung und der Tank ist ebenfalls auszuspülen. Beim Betanken ist ein Kraftstoffilter kein Luxus und verhindert 50% aller Verstopfungen des Vergasers. Es bildet sich im Tank bei geringen zurückgebliebenen Kraftstoffresten ebenfalls diese Ölharze, so daß nach jedem Flugtag ein sorgfältiges Enttanken oder Spülen des Tanks notwendig ist.

Für Hubschrauber und ähnliche Modelle, die einen zuverlässigen und gleichmäßigen Lauf des Motors in Zwischengasstellungen, zwischen Leerlauf und

Vollgas, verlangen, ist ein dreifach regelnder Vergaser, wie er im Kapitel über Vergaser beschrieben wurde, günstig. Durch einen Zusatz von 10 bis 15% Nitromethan zum Kraftstoff kann meist mit dem einfacheren geregelten Leerlauf-Vollgasstellung-Vergaser ein gleichmäßiger Lauf in Zwischengasstellungen erreicht werden. Bei Vergasern mit Gemischregelschlitzen, wie beim Perry-Vergaser oder Enya III, kann man durch Verändern der Kraftstoffviskosität durch mehr oder weniger Ölzusatz ein besseres Gemisch in Zwischengasstellungen erzielen. Die Abstimmung des Kraftstoffs auf den Motor und den Vergaser gehört bei ferngesteuerten Hubschraubern zum Einflugprogramm. Mit einem Motor, der in Zwischengasstellungen von „Viertakt" auf Zweitaktlauf wechselt, kann man keinen Modellhubschrauber ruhig fliegen und zielgenau landen.

6.6. Kerzenauswahl

Bei den Glühkerzen gibt es, wie bei dem Kapitel über den Aufbau von Glühkerzen beschrieben, „heiße und kalte" Kerzen. Grundsätzlich läuft jeder Glühkerzenmotor mit jeder Glühkerze, sofern nicht das Gewindeteil der Glühkerze so weit in den Verbrennungsraum hineinsteht, daß der Kolben daran anstößt. Vor allem kleinere Glühkerzenmotoren benötigen eine Glühkerze mit kurzem Gewindeteil. Die Glühkerzen mit einem Steg über der Öffnung zur Glühwendel werden besonders für einen zuverlässigen Leerlauf des Motors empfohlen. Aber hier ist auch mehr Reklame und Glaube im Spiel. Ich konnte wenigstens mit allen handelsüblichen Glühkerzen einen gleichmäßigen und zuverlässigen Leerlauf erzielen. Wenn man aus einem Motor die letzten Umdrehungen an Höchstdrehzahl erzielen will, so lohnen sich Versuche mit verschiedenen Glühkerzen. Für beste Leistungsausbeuten aus den Modellmotoren sollte aber immer der Kraftstoff und die Glühkerze zusammen optimiert werden.

Nach einigen Stunden Laufzeit oder bei ungeeigneten Kraftstoffmischungen bilden sich auf der Glühwendel Ablagerungen. Die Glühkerze wird inaktiv und der Motor läuft mit Zündaussetzern. Eine solche Glühkerze kann mit konzentrierter Schwefelsäure, die auf die Kerzenwendel aufgetröpfelt wird, wieder aktiviert werden. Wenn dies, vor allem bei Ablagerungen von synthetischen Ölen, nicht gelingt, muß eine neue Kerze verwendet werden.

Glühkerzen mit optisch durchlässigen Glasisolatoren sind ein gutes Hilfsmittel, um die Vergasereinstellung zu beurteilen. Bei hellrot bis weiß leuchtendem Licht aus dem Gasisolator ist der Motor optimal in seinem Gemisch eingestellt. Diese Glühkerzen können derzeit nur selbst hergestellt werden, da eine Serienfertigung zu günstigem Preis, meines Wissens nach, noch nicht gelungen ist.

6.7. Motoreneinbau

Modellmotoren können als Zweitaktmotoren mit Gemischschmierung prinzipiell in jeder Lage des Zylinders, also hängend, liegend oder stehend betrieben werden. Allerdings ist es bei einigen Modellmotoren zweckmäßig, den Motor liegend oder stehend einzubauen.

6.7.1. Einbau von Modellmotoren in Flugmodelle

Die Modellmotoren laufen nicht ganz vibrationsfrei. Daher werden schon einige Versuche unternommen, die Motoren schwingungsisoliert an Federn oder Gummiblöcken zu montieren. All diese elastischen Aufhängungen haben sich als unzweckmäßig erwiesen. Der Grund ist in der geringen Masse der Motoren zu suchen, die eine extrem weiche Aufhängung bedingen würde, um überhaupt Schwingungen zu absorbieren. Prinzipiell ist diese weiche Aufhängung möglich, das System Motor-Aufhängung sollte seine Eigenfrequenz unter der Leerlaufdrehzahl haben, aber es kommt ein weiterer Nachteil dieser weichen Aufhängung hinzu: Die Modellmotoren haben während einer Umdrehung keine gleichmäßige Drehgeschwindigkeit am Propeller. Im Kompressionstakt verringert sich die Drehgeschwindigkeit und im Arbeitstakt nach der Zündung beschleunigt der Propeller stark. Wenn man den Motor sehr weich und elastisch aufhängt, so verhindert die weiche Aufhängung dieses Beschleunigen des Propellers im Arbeitstakt. Dies bedeutet, daß der Motor weniger Leistung an den Propeller abgibt, der Propeller weniger zieht, und ein Teil der Leistung in der Motoraufhängung als Reibungswärme auftritt. Dies ist der Grund, warum sich bis heute keine schwingungsisolierende Aufhängung von Modellmotoren durchsetzen konnte.

Die häufigste Motoraufhängung ist heute eine sogenannte „unterkritische". Der Motor ist möglichst starr mit dem Flugmodell verbunden. Es wird somit ein Zweimassenschwinger gebildet, Motor—Flugmodell als Massen und die

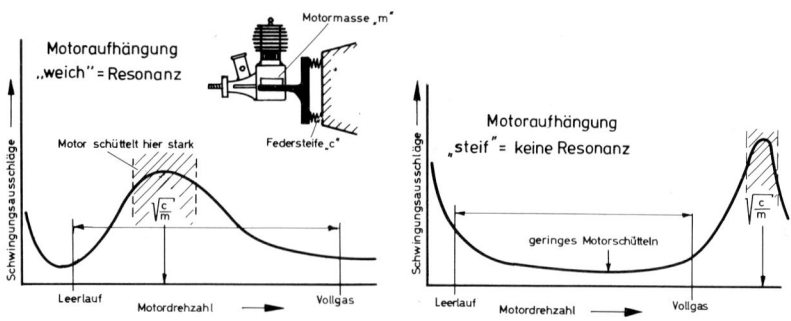

Abbildung 119

Steifigkeit der Motoraufhängung als Federglied. Es ist klar, je schwerer das Flugmodell im Verhältnis zum Motor ist und je steifer der Motor mit dem Flugmodell verbunden ist, um so weiter ist man von der kritischen Drehzahl entfernt.

Die Motoreinbauanlage im Flugmodell ist nun nicht gleichgültig. Ein Flugmodell hat um seine drei Achsen verschiedene Massenträgheitsmomente und setzt also den Schwingungsausschlägen verschieden starke Widerstände entgegen. Von Dr. W. Good wurden die Beschleunigungen erstmals als Maß für die Schwingungen am Modell gemessen.

Es ergab sich folgendes:

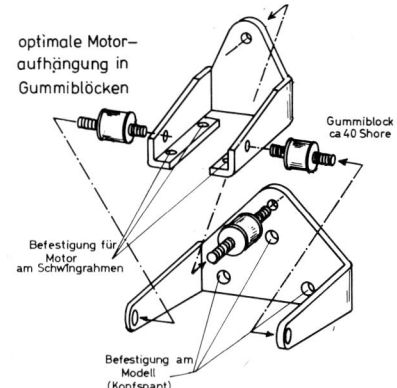

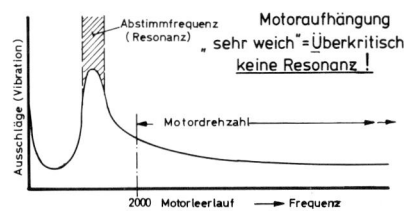

Abbildung 120

Bei liegendem Motor waren die Beschleunigungen im Rumpfbereich für einen eventuellen Fernsteuerungseinbau am geringsten. Diese Motoreinbaulage wäre also schwingungsmäßig am günstigsten, da hier am wenigsten Vibrationen auf die Fernsteuerung kommen. Dies gilt aber nur, wenn der Tragflügel steif, durch Anschrauben, mit dem Rumpf verbunden wird. Ein stehender Motor ist einfacher zugänglich und kann meist am leichtesten gestartet werden. Ein hängender Motor bereitet Startschwierigkeiten, vor allem bei Glühkerzenmotoren wird die Glühkerze durch zu viel Kraftstoff beim Anwerfen oder im Leerlauf ausgelöscht.

Modellmotoren werden im Flugmodell zweckmäßig entweder an einen Leichtmetallträger in T-Form angeschraubt oder auf Buchenholzträger aufgeflanscht. Auch haben sich Kunststoff- (Nylon-) Motorträger gut bewährt. Diese Nylonmotorträger haben eine hohe Schwingungsdämpfung für hohe Frequenzen, ohne die Nachteile einer weichen elastischen Motoraufhängung. Abb. 122.

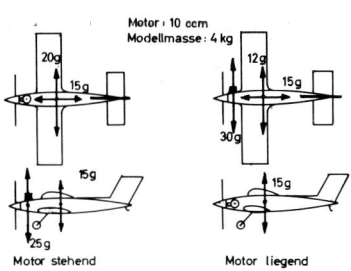

Schwingbeschleunigungen eines Motormodelles

Abbildung 121

Der Motor sollte nur mit Gewindeschrauben, Muttern und Sicherungsringen unter Schraubenkopf und Mutter befestigt werden. Gut bewährt haben sich bei Buchenholzträger sogenannte Einziehmuttern, die mit Epoxydkleber an den Träger geklebt sind. In diesem Fall braucht man nur unter den Schraubenkopf einen Sicherungsring.

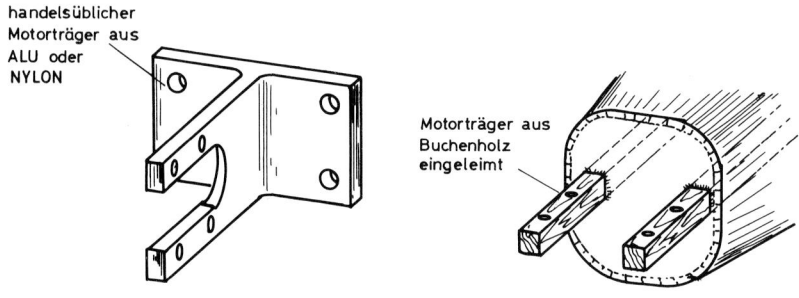

Abbildung 122

Holzschrauben oder Blechtriebschrauben sind völlig ungeeignete Befestigungsschrauben für einen Motor. Diese Schrauben lockern sich, und der Motor schlägt sich los. Dies kann sehr gefährlich werden. Darum nur gutgesicherte Gewindeschrauben verwenden.

Der Anbau eines Schalldämpfers ist heute gesetzlich vorgeschrieben, sofern man nicht ganz weit weg von Wohnhäusern oder Erholung suchenden Menschen fliegen kann. Üblicherweise wird der Schalldämpfer am Motor allein befestigt. Wird der Schalldämpfer vom Motor getrennt am Modell angebaut, so muß zwischen Auspuffkrümmer und Schalldämpfer ein Stück Schlauch verwendet werden. Schläuche aus Silikonkautschuk oder synthetischem Gummi der Handelsmarke Viton oder Teflonrohr widerstehen allein den höheren Abgastemperaturen auf die Dauer. Leider ist der Preis für diese Schläuche hoch, so 10,— bis 20,— DM/Meter muß dafür bezahlt werden.

6.7.2 Motoreneinbau in Schiffe

Bei Schiffsmodellen wird der Motor ausschließlich stehend angeordnet. Da diese Motoren nicht vom Propellerwind, wie bei Flugmodellen, gekühlt werden, sind Spezialmotoren mit Wasserkühlmantel oder gebläsegekühlte Motoren zu verwenden. Diese Motoren brauchen alle ein Schwungrad, da die Drehmasse der Schiffsschraube zu klein ist zum Durchdrehen des Motors über den Kompressionstakt hinweg. Folgende Schwungradgrößen (Stahl/Messing) sind üblich.

Motorgröße (Hubraum ccm)	Schwungrad (Durchmesser x Breite in mm)
1,0 ccm	30 x 10
1,7 ccm	40 x 10
2,5 ccm	40 x 15
3,5 ccm	45 x 15
6,0 ccm	50 x 18
8,5 ccm	55 x 20
10,0 ccm	60 x 20

Wird die Schwungmasse zu klein gewählt, so läuft der Motor zwar gut bei hohen Drehzahlen, läßt sich aber nicht auf einen niedrigen Leerlauf einstellen. Wenn man sehr niedrige Leerlaufzahlen unter 3000 U/min wünscht, muß man eine große Schwungmasse wählen. Das Gewicht des Schwungrads ist nicht allein entscheidend, sondern das Produkt aus Gewicht und Durchmesser zum Quadrat. Der Durchmesser ist wichtiger als das Gewicht! Darum sollte man Leichtmetallschwungräder rund 20% größer im Durchmesser wählen als in der Tabelle angegeben ist.

Die Schwungräder müssen selbstverständlich ausgewuchtet werden und spielfrei radial auf der Kurbelwelle sitzen.

Bei wassergekühlten Motoren wird das Kühlwasser hinter der Schiffsschraube durch einen Trichter aufgenommen. Bei zu rascher Strömung des Wassers durch den Kühlmantel können einige Modellmotoren zu kalt bleiben und dadurch neben hohem Verschleiß auch schlechte Leistung zeigen. Die Kühlwasseraustrittstemperatur sollte um 60°C haben, dann ist der Motor nicht unterkühlt. Durch Querschnittsreduktion am Aufnahmetrichter kann man die durchfließende Menge reduzieren und die Kühlwassertemperatur anheben.

Für einen guten Wirkungsgrad der Schiffsschraube ist eine drehzahlreduzierende Getriebestufe notwendig. Die Zahnräder laufen meist offen, ohne Getriebegehäuse und Ölbad. Das Ritzel auf der Kurbelwelle ist dabei aus Stahl und das Zahnrad auf der Propellerwelle aus Nylon oder Polyamid. Ein Zahnradmodul von 1,0 bis 1,5 ist bei Motoren über 5 ccm Hubraum üblich, ebenso Zahnbreiten von 10 bis 12 mm. Abb. 123.

Der Schalldämpfer muß in den meisten Fällen am Austritt mit Silikonschlauch, Vitonschlauch oder Teflonrohr verlängert werden. Wegen der Ölabscheidung aus dem Abgas ist der Betrieb von Modellverbrennungsmotoren auf vielen Gewässern untersagt. Auch wenn nicht ein ausdrückliches Verbot

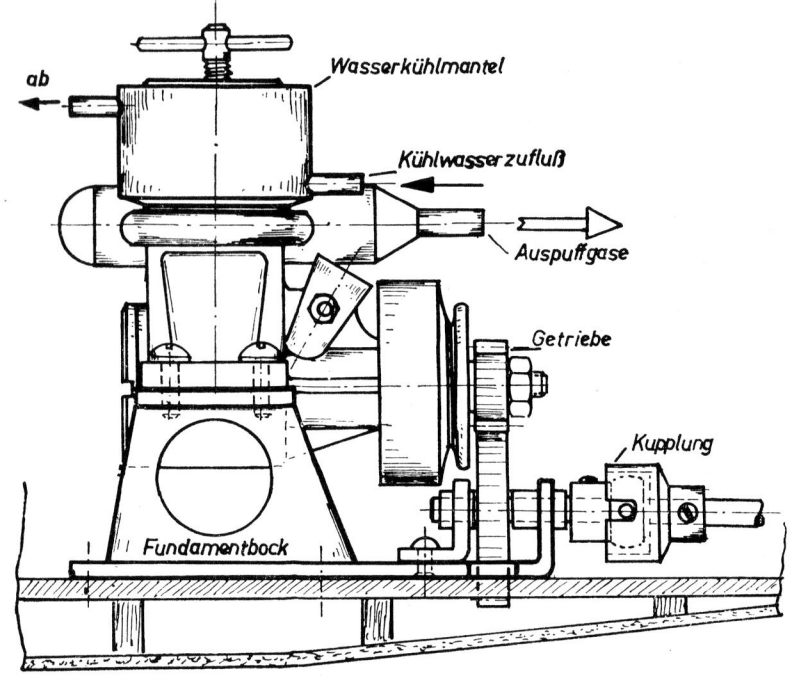

Abbildung 123

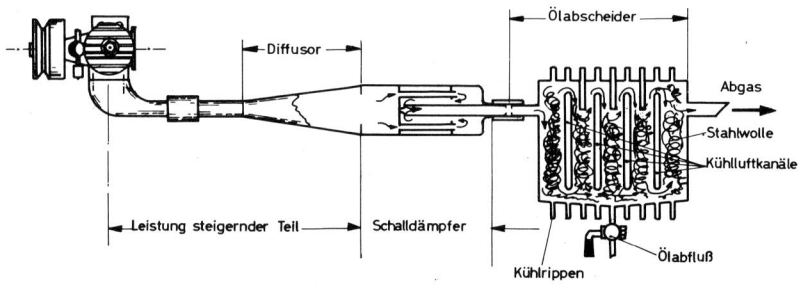

Abbildung 124

für Modellverbrennungsmotoren besteht, sollte man bei Zweitaktmotoren mit Gemischschmierung einen Ölabscheider in die Auspuffleitung einbauen.

So kann man meist sein Hobby längere Zeit auf einem Gewässer betreiben, ohne daß man wegen Wasserverschmutzung vertrieben wird.

6.7.3. Motoreneinbau in Autos und Hubschrauber

Bei Automotoren muß man für ausreichende Kühlung sorgen. Üblich ist eine Vergrößerung der Kühlrippenfläche durch Kühlbleche oder Kühlprofile. Gebläsegekühlte Motoren werden selten verwendet.

Bei Hubschraubermodellen wird der Motor stehend oder hängend eingebaut. Stehende Motoren springen zwar besser an und haben den besseren Leerlauf, aber dafür ist der Vergaser meist schlechter zugänglich. Ein hängender Motor ersäuft zwar leichter beim Starten, so daß man häufig die Glühkerze ausbauen und den Kraftstoff aus dem Verbrennungsraum herauslaufen lassen muß. Dafür ist der Vergaser gut zugänglich und leichter ausbaubar. Aus Gewichtsgründen werden Schwungmassen aus Leichtmetall bevorzugt.

Gut bewährt hat sich ein gebläsegekühlter Motor, wie er als Einheit von einer Firma angeboten wird. Bei dem Selbstbau von Gebläsen und Kühlluftgehäusen sind die Vorschläge und Hinweise im Kapitel „Motorkühlung" zu beachten. Wichtig ist, daß der Motor gut mit der Abtriebswelle fluchtet, da sonst durch eine Winkelstellung der Wellen zueinander starke Vibrationen auftreten.

7. Motorenwartung

Es ist selbstverständlich, daß ein Automobilmotor von Zeit zu Zeit einer Wartung und Inspektion bedarf. Genauso ist es bei den Modellmotoren. Viele Bastler denken, wenn die Leistung oder Zuverlässigkeit ihres Modellmotors nachläßt: „Na ja, eben verbraucht." Modellmotoren leben eben nur einige Stunden. Das ist aber nicht immer richtig gedacht. Vielleicht kann dem Motor durch eine gründliche Inspektion und Reinigung oder Tausch eines Teils zu neuer Jugend verholfen werden. Man sollte aber nicht erst eine Inspektion vornehmen, wenn bereits ein Leistungsverlust bemerkt wird.

So nach jeweils 20 Stunden Laufzeit, spätestens im Winter vor der neuen Modellsportsaison, sollte man an eine Wartung denken. So erkennt man frühzeitig zum Beispiel ein Pleuel mit zu viel Lagerluft, einen Kolbenschiefläufer oder einen Kolbenbolzen, der immer auf einer Seite am Zylinder scheuert. Hier einige Hinweise, wie man am besten diese Wartung vornimmt.

Zunächst wird der Motor zerlegt. Dies sollte aber nicht mit ungeeignetem Werkzeug, wie Vorschlaghammer, Kneifzange oder ausgebrochenen Schraubenziehern, erfolgen. Als übliches Werkzeug wird benötigt: Ein genau für die Schrauben passender Schraubenzieher, eventuell ein Kreuzschlitzschraubenzieher, aber nur guter Qualität, ein Satz Schraubenschlüssel von 3,5 mm bis 7,0 mm Maulweite, ein Hammer mit Kunststoffbahnen und zum Ausbau der Kurbelwelle ein kleiner Radabzieher.

Folgendes ist bei den einzelnen Motormustern zu beachten: Bei einigen Super-Tigre- und Hirtenberger-Motoren ist der Zylinder in das Kurbelgehäuse eingezogen. Der Zylinder kann nur aus dem Kurbelgehäuse ausgebaut werden, wenn das Kurbelgehäuse auf etwa 250° C erwärmt wird. Die Erwärmung des Kurbelgehäuses nimmt man am besten im Küchenbackofen vor, der mit seinem Thermostat auf 250° C eingestellt wird. Nach einer halben Stunde hat sich das Motorengehäuse so weit erwärmt, daß der Zylinder allein aus dem Gehäuse herausfällt oder mit einem Drahthaken herausgezogen werden kann.

Bei einigen Motoren von Super Tigre und OS kann der Kolben und der Pleuel und damit die Kurbelwelle nur ausgebaut werden, wenn der Zylinder zuerst ausgebaut wird. Dann kann man aus einer Öffnung im Kurbelgehäuse den Kolbenbolzen aus dem Kolben herausziehen. Eine konische Nadel oder ein Drahthaken erleichtern die Arbeit. Danach kann der Pleuel abgenommen und die Kurbelwelle ausgebaut werden.

Bei den VECO- und HB-Motoren zieht man häufig beim Abnehmen des Zylinderkopfs den Zylinder mit heraus. Den Zylinderkopf bekommt man in einigen Fällen nur vom Zylinder frei, wenn die Teile im Frostfach eines Kühlschrankes unterkühlt werden.

Die Kurbelwelle kann erst ausgebaut werden, wenn der Propellermitnehmer entfernt ist. Den Propellermitnehmer muß man bei vielen Motoren mit einem kleinen Radabzieher abziehen. Zum Ansetzen der Radabziehbacken ist meist eine Rille in dem Mitnehmer eingestochen. Ist der Propellermitnehmer bei besonders hochwertigen Modellmotoren auf einem geschlitzten Konus aufgedrückt, so kann der Mitnehmer nur mit einem Radabzieher demontiert werden. Man versuche nicht, mit Hammerschlägen auf die Kurbelwelle den Mitnehmer von der Welle herunterzuschlagen, die Kurbelwelle und die Lager sind danach immer defekt!

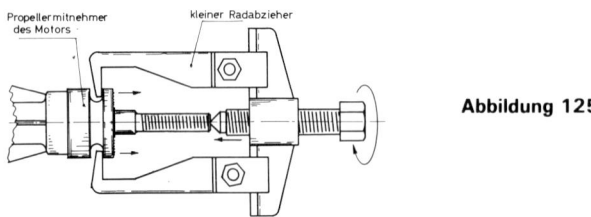

Abbildung 125

Die Kurbelwellen sollten ebenfalls aus den Lagern herausgedrückt und nicht herausgeschlagen werden. Meist gelingt der Kurbelwellenausbau unter einer Presse oder im Schraubstock, wenn entsprechende Ringe unterlegt werden.

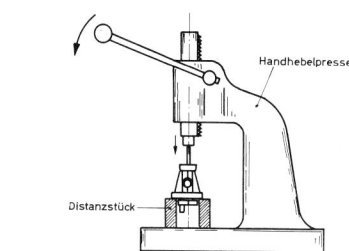

Abbildung 126

Einige Motoren haben in das Kurbelgehäuse eingeschraubte Zylinder. Diese Zylinder kann man meist erst losschrauben, wenn ein Spezialschlüssel selbst gefertigt wurde. Dieser Schlüssel ist ähnlich einem Gabelschlüssel aus Stahlblech zu fertigen und sollte an den Stegen des Zylinders neben den Auspuffschlitzen angreifen.

Auf keinen Fall sollten Stahlblechstreifen, Schraubenzieher oder ähnliche Dinge als Knebel durch die Auspuffschlitze gesteckt werden. Ein Motor ist nach einer derartigen Behandlung wirklich schrottreif. Ebenfalls ist ein Einspannen des Zylinders in einem Schraubstock oder ein Anfassen mit einer Rohrzange der erste Schritt zum Motorruin.

Ist der Motor nun ganz zerlegt, so werden die Teile in Lösungsmittel, Waschbenzin oder dergleichen von Fett und Öl gereinigt. Kugellager mit Kunststoffabdichtungen dürfen nur in Waschbenzin gereinigt werden. Ebenfalls dürfen Kunststoffteile des Vergasers nur mit Waschbenzin gesäubert werden. Das Waschbenzin darf aber keine Aromaten enthalten, sonst lösen sich die Kunststoffteile doch etwas an oder quellen auf. Die Kugellager werden nach dem Auswaschen sofort mit einem Tropfen HD Automotorenöl SAE 20 eingeölt.

Jetzt werden die Motorenteile beurteilt. Kugellager sollten geräuscharm und ohne zu ecken laufen. Steht auf dem Kugellager die Bezeichnung C 3, so hat das Kugellager eine vergrößerte Radialluft, und man braucht sich nicht zu wundern, wenn man die Ringe des Lagers etwas gegeneinander kippen kann. Wenn man Kugellager aus dem Kurbelgehäuse ausbauen muß, so ist auch hier ein Erwärmen des Kurbelgehäuses auf 250° C vorzunehmen. Die Lager fallen dann meist heraus. Werden neue Kugellager eingebaut, so baut màn die Lager am besten unter einer Presse mit einem Führungsdorn ein. Bei erwärmten Gehäusen geht diese Arbeit leichter. Wichtig ist, daß die Kurbelwelle sich zügig in die Kugellager einschieben läßt und nicht eingepreßt werden muß. Das Kugellager an der Kurbelwange ist meist als Loslager ausgelegt, und es sollte ein axialer Spalt zwischen Innenring des Lagers und der Kurbelwange von 0,2 bis 0,3 mm vorhanden sein. Werden die Kugellager gegeneinander verspannt, so sinkt die Motorleistung beachtlich ab. Stellt man fest, daß die Kurbelwelle zu stramm in den Innenringen der Kugellager sitzt, so kann man mit Polierschmirgel oder feinster Schmirgelleinwand die Kurbelwelle etwas abziehen, bis ein fester, aber noch schiebbarer Sitz des Kugellagerinnenrings auf der Kurbelwelle erreicht wird.

Bei einem Gleitlager als Lagerung der Kurbelwelle sollte ein Spiel von maximal $4\,^0/_{00}$ also vier Tausendstel des Wellendurchmessers nicht überschritten werden. Bei größerem Lagerspiel ist ein neues Lagerungsteil zu kaufen oder der Motor zur Instandsetzung an den Hersteller einzuschicken. Der Pleuel sollte ebenfalls an seinen beiden Lagerstellen nicht allzuviel Lagerspiel haben. Ein Lagerspiel von 1 bis $3\,^0/_{00}$ ist gut; über $4\,^0/_{00}$ Lagerspiel, vor allem am Kolbenbolzen, sind schlecht. Es wird in diesem Fall der Pleuel ersetzt. Falls der Pleuel an den Lagerstellen noch gut ist, ist die Fluchtung der beiden Lagerbohrungen zueinander zu prüfen. Bei schrägen Bohrungen zueinander läuft der Kolben schief oder der Kolbenring schlägt sich schnell in seiner Nut aus. Ein Hinweis auf schräge Pleuelbohrungen oder krumme Pleuelstange erhält man aus dem Laufbild des Kolbens oder aus starken Streifspuren des Pleuels am Kurbelgehäusedeckel.

Das Laufbild des Kolbens sollte als nächstes beurteilt werden. Ein eingeläppter Kolben aus Graugruß sollte höchstens leicht gelblich sein oder matt grau. Ist der Kolben braun oder schwarz, so liegt zu viel Kolbenspiel vor und eine neue Kolbenzylindergarnitur müßte gekauft werden. Etwas anderes ist es bei Leichtmetallkolben mit Kolbenringen. Diese Kolben haben immer Spiel im Zylinder. Ist solch ein Kolben stark braun oder schwarz, so wurde der Motor mit ungeeignetem Öl, minderwertigem Rizinus, betrieben, oder der Kolbenring ist schlecht. Der Kolbenring sollte gleichmäßig am Umfang getragen und auf den Laufflächen keinen braunen fleckigen Belag haben. Ist dies der Fall, so ist ein neuer Kolbenring, am besten vom Motorenhersteller, zu montieren.

Auf Grund der gezeichneten typischen Kolbenbilder ist es möglich, den Kolben zu beurteilen. Vor dem Einbau des Kolbens sollte der Kolbenboden und das Kolbenhemd von Ölkohle gereinigt werden. Dies geht bei dünnen Ablagerungen am besten mit einem Glaspinsel, wie er zum Radieren von Tuschezeichnungen verwendet wird, bei dicken Ablagerungen ist vorsichtiges Abschaben angezeigt. Das Spiel des Kolbenrings in der Kolbenringnut sollte nicht mehr als 0,02 bis 0,03 mm betragen, sonst ist der Kolbenring über das Nutspiel undicht. Das Stoßspiel des Rings sollte ebenfalls nicht über 0,2 mm liegen, bei Motoren von 10 ccm Hubraum sind noch 0,3 mm zulässig.

Noch zu erwähnen ist, das zwischen Kolbenboden und Kolbenhemd eine scharfe Kante sein muß. Ein Verrunden dieser Kante, um zu erreichen, daß das Öl nicht abgestreift würde, ist ein Fehler. Der Kolben läuft immer im Mischreibungsgebiet, also ohne Schmierfilm im Zylinder. Die scharfe Kante gibt aber eine bessere Abdichtung des Kolbens, da die Kante wie ein Labyrinth wirkt.

Der Kolbenbolzen sollte riefenfrei sein. Auch dürfen keine Freß- oder Schmierstellen im Pleuel- oder Kolbenauge sein. Hat der Bolzen etwas „Luft" in den Lagerstellen, so ist mit einem raschen Ausschlagen der Lager zu rechnen. Ein Teilersatz von Pleuel, Kolben und Bolzen ist notwendig. Ist der Kolbenbolzen an der Stirnseite nur am Zylinder angelaufen, so liegt vermutlich ein krummer Pleuel vor, oder die Bohrung des Kolbenbolzenauges im Kolben ist schief. Hier helfen nur zwei Neuteile, Kolben und Pleuel.

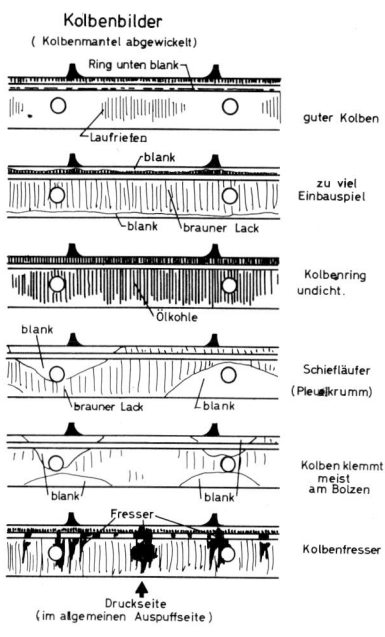

Abbildung 127

Der Zylinder sollte höchstens gelb oder hellbraun auf der Kolbenfläche verfärbt sein. Sonst wurde ungeeignetes Öl verwendet. Sind im Zylinder braune Streifen und auf dem Kolbenring braune Flecken, so hat der Kolbenring gefressen und die Teile sind auszutauschen. Bei Motoren mit Kolbenringen arbeitet sich der Kolbenring im OT in den Zylinder ein (OT-Ringgraben). Dieser Zylinderverschleiß sollte nicht fühlbar sein. Bei einem Tausch des Zylinders sollte man zweckmäßigerweise auch gleich den Kolben und vor allem den Kolbenring mit austauschen. Geläufene Teile können sich nur schlecht mit Neuteilen einlaufen. Nur bei einem Motor, dem amerikanischen COX, kann man Kolben und Zylinder beliebig gegeneinander tauschen, aber das ist eine Ausnahme.

Vor dem Zusammenbau des Motors ist auf dem Zylinderkopf noch eventuell anhaftende Ölkohle oder Ölharz mit einer Drahtbürste zu entfernen. Ebenfalls am Kühlrippenteil des Zylinders ist dieser Ölkohle — Ölharz-Belag sorgfältig abzubürsten. Nur ein metallisch sauberer Zylinderkopf oder saubere Kühlrippen kühlen und führen Wärme ab. Ist der Motor stark äußerlich verkohlt, so ist die Ursache für den Ölaustritt festzustellen. Meist ist das vordere Kurbelwellenlager undicht, da die Kurbelwelle oder das Lager zu viel Einbauspiel haben.

Alle Motorenteile werden mit HD-Automotorenöl eingeölt und dann zusammengebaut. Die Zylinderkopfschrauben immer „über Eck" anziehen und nicht reihum. Wenn der Motor längere Zeit nicht laufen soll, so ist ein Einpacken in einen Plastikbeutel zweckmäßig.

Nach einer Motorenwartung sollte der Motor kurzzeitig wieder einlaufen. So eine viertel bis eine halbe Stunde Einlauf genügen vollauf. Von einer Kurzmethode des Einlaufens, in dem man dem Kraftstoff Polierpulver wie „Pariser Rot" zusetzt, möchte ich warnend abraten. Diese Poliermittel lagern sich in den Lagern und in der Kurbelwelle ab und führen zu einem unkontrollierbaren Verschleiß der Motorenteile. Daher sind einige Kurzzeitläufe die beste Einlaufmethode. Alle Schrauben sind am warmen Motor nachzuziehen.

Am Ende eines Einsatztags des Motors ist es kein Fehler, wenn der Motor äußerlich abgewischt wird und man einige Tropfen HD-Automotorenöl in den Ansaugstutzen gibt. Synthetische Öle des Kraftstoffs können zu Korrosionsschäden am Leichtmetallgehäuse führen. Rizinusöle können verharzen und Kugellager blockieren oder Kolbenringe festkleben. HD-Automotorenöl verhindert diese Folgeerscheinungen, es schützt vor Korrosion und verhindert ein Verharzen. Ansonsten sind Modellmotoren wartungsfrei und sollten nur, wenn es nötig ist, oder alle 20 Betriebsstunden zur Wartung demontiert werden.

8. Messungen an Modellmotoren

Die Hersteller von Modellmotoren machen über die Leistung ihrer Produkte meist Angaben. Diese Angaben sind häufig nur Schätzungen oder die gemessene Leistung eines besonders gutlaufenden Motors. Die Serienmotoren haben häufig von den Herstellerangaben nach unten abweichende Leistungen. Es ist nicht ganz einfach, die Leistung zu messen. Verschiedene Meßmethoden werden angewendet, auch gibt es für Modellmotoren keinen genormten Prüfstand. Den Prüfstand und die Meßgeräte muß der Hersteller selbst zusammenbauen und eichen. Hier wird schon viel gesündigt und unbewußt falsch gemacht. Eine weitere Fehlerquelle ist, daß die klimatischen

Bedingungen, unter denen gemessen wurde, nicht berücksichtigt sind. Bei Modellmotoren wird die Leistung häufig nicht auf Normalluftdruck und Normalluftfeuchte umgerechnet.

In diesem Kapitel möchte ich die einzelnen Meßmethoden beschreiben und dem interessierten Motorenbauer einen Weg aufzeigen und Unterlagen geben, wie er mit einer Ungenauigkeit von ± 10% die Leistung eines Motors ermitteln kann. Da die Angaben über die Leistung bei den Herstellern großzügig gehandhabt werden, sollte man die angegebene Leistung auf der Verpackung nicht als Auswahlkriterium für den Motorenkauf nehmen. Besser ist, die Erfahrung anderer Motorenbesitzer zu nützen oder die im Anhang veröffentlichten Leistungskurven und Beschreibungen auszuwerten.

Die Drehzahl kann recht einfach gemessen werden. Es gibt elektronische, berührungsfrei messende Instrumente, wie Stroboskope, Lichtschranken oder Fotowiderstände. Ein Stroboskop mit einer Genauigkeit von unter 1% des Skalenendwerts ist sehr teuer. Dennoch wird es von Motorenherstellern gern verwendet, da man mit dem Stroboskop nicht nur die Drehzahl messen, sondern auch die Bewegungen und Schwingungen von Motor und Aufhängung sowie Schalldämpfern sichtbar machen kann.

Ein besonders genaues Meßinstrument ist ein elektronischer Digitalzähler. Von vielen Elektronikfirmen werden derartige Digitalzähler angeboten. Auch in „modell" erschien die Bauanleitung für ein solches Gerät. Von dem Motor werden ein oder mehrere elektrische Impulse pro Motorumdrehung abgenommen und über eine bestimmte Zeit gezählt. Die Impulse können induktiv von einem Zahnrad, das auf der Kurbelwelle befestigt ist, berührungslos abgenommen werden, oder es werden Fotowiderstände verwendet. Die Genauigkeit dieser Drehzahlmessung ist ± 1 Impuls pro Zählzeit.

Für die Drehzahlmessung können auch mechanische Handtachometer verwendet werden. Diese Meßinstrumente sind sehr genau (etwa 1 °/₀₀ vom Skalenwert). Leider verfälschen diese Meßgeräte die Motordrehzahl etwas, da die Mechanik dieser Zähler eine kleine Leistung von dem Motor abnimmt. Bei kleinen Motoren unter 1 ccm Hubraum wirkt sich das stark aus, und man kann 100 bis 200 U/min mit der Messung daneben liegen. Den besten Handtachometer gibt es mit einem Aufsteckgetriebe, so daß Drehzahlen bis 100 000 U/min gemessen werden können. Der Eigenverbrauch dieses Drehzahlmessers bei 12 000 U/min liegt unter 0,5 Watt.

Die mechanische Leistung kann man nicht mit einem einzigen Meßinstrument allein messen. Sie kann man aber leicht aus dem Drehmoment und der Drehzahl errechnen. Es gibt den folgenden Zusammenhang zwischen diesen Größen:

$$Md = 71620 \frac{N}{n}$$

Md = Drehmoment in cm kp
N = Leistung in PS
n = Drehzahl in U/min

Die Leistungsmessung besteht also aus zwei Messungen. Einmal der Drehzahl und dann des Drehmoments. Läuft ein Modellmotor und gibt ein Drehmoment an eine Arbeitsmaschine ab, so kann man das abgegebene Drehmoment am Fundament des Motors als Fundamentsmoment messen. Leider ist aber das Drehmoment oder die Drehkraft unserer Modellmotoren nicht über eine Umdrehung konstant, sondern schwankt zwischen positiven und negativen Werten. Darum kann ein Modellmotor nicht einfach drehbar oder pendelnd aufgehängt werden, sondern muß in seiner Rückdrehbewegung am Fundament bedämpft werden. Diese Dämpfer sind meist hydraulische Dämpfer, ähnlich den Stoßdämpfern in Automobilen. Daneben sollte das Massenträgheitsmoment des Prüfstands um die Motordrehachse eine Mindestgröße nicht unterschreiten, um nicht zu steife Dämpfer einbauen zu müssen.

Aus einer Tafelwaage und einem auf Kugellager drehbaren Prüfbock kann ein zufriedenstellend arbeitender Motorenprüfstand gebaut werden.

Ein Prüfstand mit einem Bremsdynamo ist bei Modellmotoren ungenau, da die inneren Verluste des Dynamo nur geschätzt werden können, und es nicht einfach möglich ist aus Volt und Ampere des Dynamos die Leistung zu

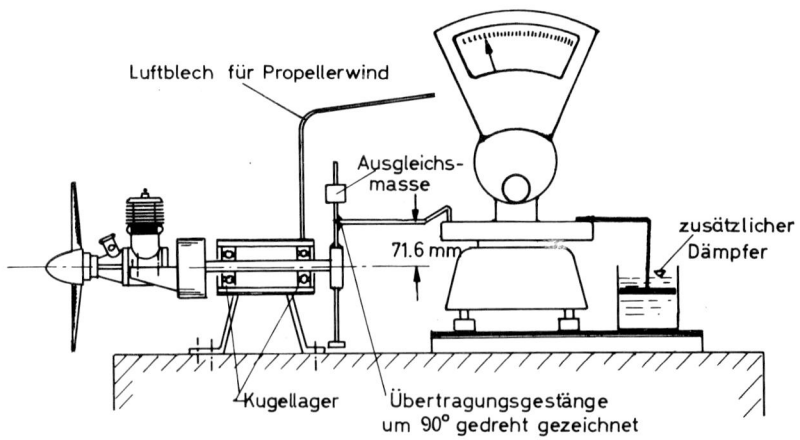

Abbildung 128

Abbildung 128a

Leistungsprüfstand des Verfassers. Zur besseren Übersicht ist das Luftleitblech zur Abdeckung des Waagentisches weggelassen. Links an der hinteren Querstange der Zusatzdämpfer, rechts an der gleichen Stange ein Ausgleichsgewicht zum Auswiegen für die Masse des Schalldämpfers. Rechts der Tank und ein über einen Dreiweghahnen einschaltbares Meßglas zur Verbrauchsmessung. Der zweite Schlauch von Motor zum Tank ist ein Druckschlauch, da bei dem auf dem Prüfstand montierten Motor (HP 40 R) ein Drucktank notwendig ist.

errechnen. Belastung oder das Abbremsen des Modellmotors erfolgt am besten mit Luftschrauben unterschiedlichen Durchmessers und Steigung. So kann punktweise die Vollastleistungskurve des Motors gemessen werden. Zu beachten ist noch, daß beim Bremsen mittels Luftschraube der Propellerwind nicht auf Teile des Prüfstands und der Waage aerodynamische Kräfte verursacht, die das Meßergebnis verfälschen. Auch darf man nicht erwarten, daß alle Meßpunkte glatt auf der Kurve liegen, denn je nach dem, ob man die optimale Vergasereinstellung erwischt hat oder nicht, kann man bis zu 5 % zu wenig messen.

Für den Modellbauer ist es möglich, aus der Drehzahl, die der Motor mit handelsüblichen Luftschrauben dreht, auf die Motorleistung zu schließen. Die heutigen Luftschrauben sind sehr genau gefertigt und werden meist über Jahre hinweg unverändert hergestellt, so daß aus Eichdiagrammen der Luftschrauben die Leistung abgelesen werden kann. Dies ist sicher keine absolut genaue Leistungsmeßmethode, aber dennoch genauer als reine Schätzungen und Spekulationen. Wenn man einen Motor mit mehreren Luftschraubengrößen gemessen hat, so werden bestimmt einige Meßwerte stark aus der Leistungskurve herausfallen. Hier ist vielleicht die Luftschraube tatsächlich etwas anders als das Muster, für das die Diagramme aufgenommen wurden. Eventuell gibt eine andere Luftschraube gleicher Größe und gleichen Fabrikats eher auf der Kurve liegende Werte. Hat man solche gut übereinstimmende Luftschrauben gefunden, so sollte dieser Luftschraubensatz als Prüfsatz weggelegt werden. Abb. 129–133.

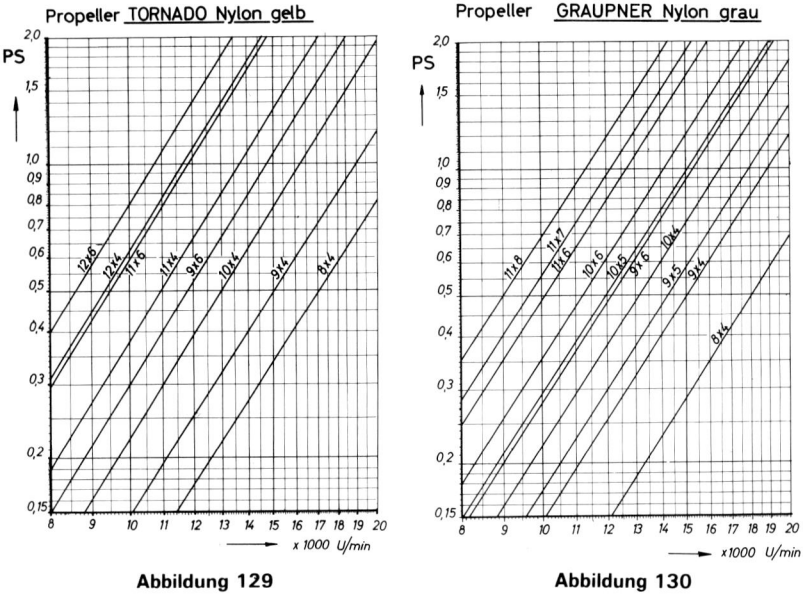

Abbildung 129

Abbildung 130

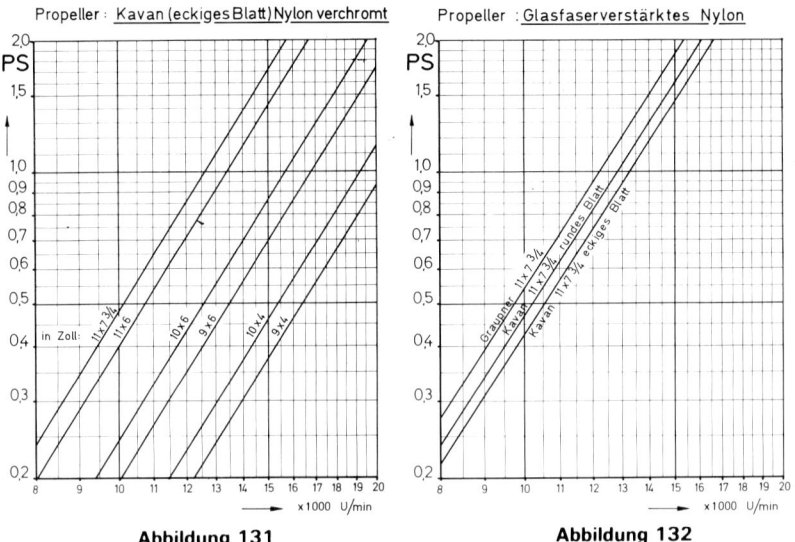

Abbildung 131

Abbildung 132

Wie schon gesagt, hat das Klima, also Luftdruck, Lufttemperatur und Feuchtigkeit, einen erheblichen Einfluß auf die Leistung. Im Großmotorenbau rechnet man die gemessene Leistung eines Motors auf eine Leistung bei 750 mm Hg Luftdruck, 15° C Lufttemperatur und 65% relative Luftfeuchtigkeit, einem Normklima, um. Eine ähnliche Umrechnung ist bei Modellmotoren nicht ohne weiteres möglich. Hier wird einmal der Zündzeitpunkt durch Luftfeuchte und Lufttemperatur beeinflußt, ebenfalls spielt die Luftdichte für das Bremsmoment der Luftschraube eine Rolle. Die nachstehenden Diagramme Abb. 134 bis 136 wurden speziell für Modellmotoren errechnet. Die Korrektur-

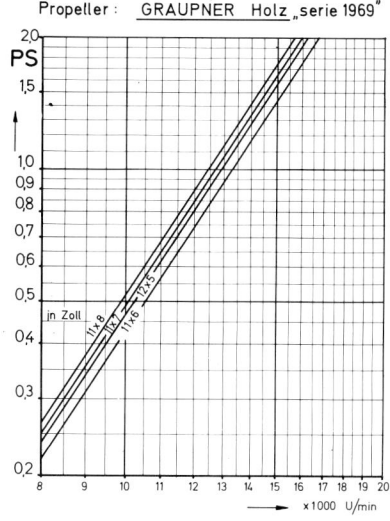

Abbildung 133

faktoren zur Propellerdrehzahl stimmen gut überein mit Messungen an Motoren unter unterschiedlichen klimatischen Laufbedingungen. Wie man einfach mit Hilfe der Diagramme nachprüfen kann, zeigt an einem heißen Sommertag mit hoher Luftfeuchtigkeit, an einem hochgelegenen Ort mit niedrigem

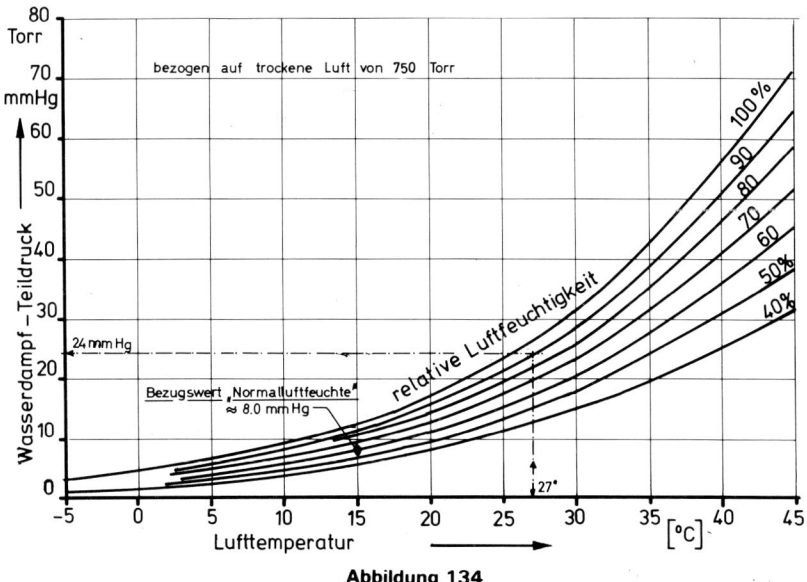

Abbildung 134

Luftdruck der Motor mit Glühkerzenzündung tatsächlich eine beachtliche Mindestleistung. Für Modelldieselmotoren ist nur die Temperatur und der Luftdruck von wesentlichem Einfluß. Die Luftfeuchtigkeit hat bei Modelldieselmotoren erstaunlicherweise einen geringen Leistungseinfluß.

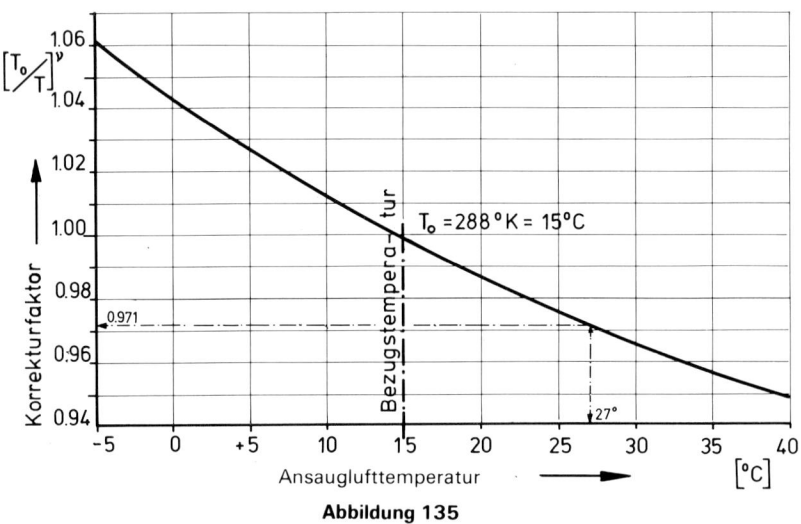

Abbildung 135

Anwendungsbeispiel der Diagramme Abb. 134, Abb. 135, Abb. 136.

Ein Modellmotor wird getestet. Mit Propeller wird eine Drehzahl von 12 000 U/min gemessen bei folgenden Testbedingungen:

>Lufttemperatur 27° C
>Luftdruck 758 mm Hg
>Luftfeuchte 90%

Gesucht die Vergleichsdrehzahl der gleichen Luftschraube mit dem Testmotor bei „Normal-Prüfbedingungen", also bei 750 mm Hg und 15° C mit 50% Luftfeuchtigkeit.

1.) Aus Diagramm Abb. 134 folgt für 27° C und 90% Luftfeuchte ein Wasserdampfteildruck von 24 mm Hg. Normalluftfeuchtigkeit wäre 8 mm Hg, so daß 24−8 = 16 mm Hg Wasserdampfteildruck als $P_{Feuchte}$ abzuziehen wäre.

2.) Aus Diagramm Abb. 135 ergibt sich für den Temperaturkorrekturfaktor für 27° C : 0,971.

3.) Aus diesen Werten errechnet sich die reduzierte Leistung, also die Leistung des Motors bezogen auf die „Normalbedingungen" zu:

$$\frac{N}{N_{red}} = \frac{P_{Baro} - P_{Feuchte}}{P_o}(T_O/T)^\nu =$$

$$= \frac{758 - 16}{750} \cdot 0{,}971 = 0{,}962$$

Dieses Ergebnis sagt schon aus, daß der Motor unter den Laufbedingungen mit 27° C Lufttemperatur, 758 mm Hg Luftdruck und bei 80% Luftfeuchtigkeit nur eine Leistung von

96,2 %

bezogen auf die Leistung bei 750 mm Hg, 50 % Luftfeuchte und 15° C erreicht.

4.) Aus Diagramm Abb. 136 ergibt sich für diese Minderleistung ein Drehzahlfaktor von 1,012. Die Propellerdrehzahl bei „Normal-Prüfbedingungen" wäre damit:

12 000 · 1,012 = 12 144 U/min

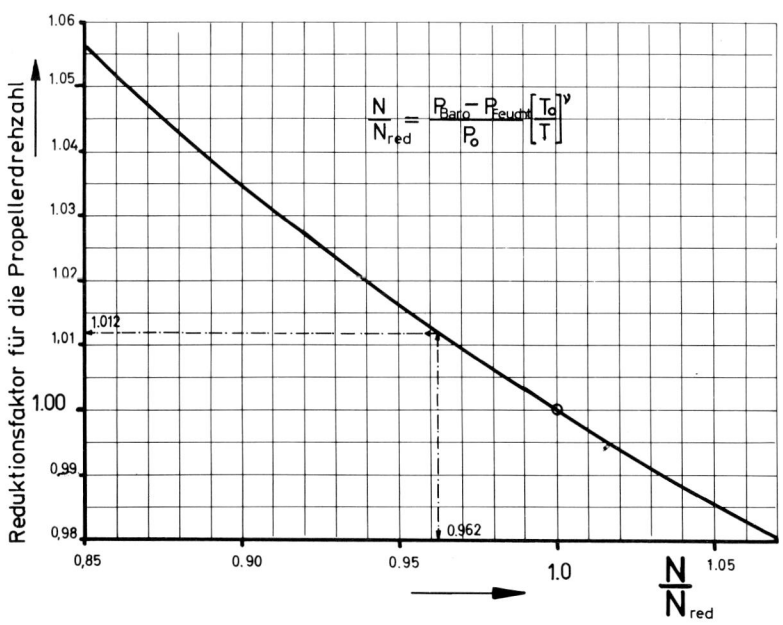

Abbildung 136

9. Frisieren von Modellmotoren

9.1. Frisieren Stufe I

Als unerkannter Sonntagsspaziergänger habe ich schon des öfteren Modellfliegern bei ihrem Flugprogramm zugesehen. Falls das Modell nach einigen Minuten gesteuert gelandet wurde und der vom Piloten erwartete Zuschauerbeifall einsetzte, habe ich anschließend meist ein Gespräch über den so erstaunlich laufenden Miniaturmotor belauschen können. Verbrennungsmotoren mit einem derartig durchdringenden Heulton und einer offensichtlich hohen Leistung erwecken immer das Interesse des technisch interessierten Zuschauers, und es werden über dieses Wundermotörchen mehr Fragen gestellt als über die ganze elektronische Inneneinrichtung des Modells. Die Fernsteuerung sei gekauft, der Motor zwar auch, aber den habe man erst „frisiert", damit er so laufe. So oder ähnlich lauten dann manchmal die Auskünfte der angesprochenen Piloten. Sind unsere Modellverbrennungsmotoren denn wirklich so schlecht und schlummern in ihnen denn wirklich noch bemerkenswerte Leistungsreserven, die man nur durch etwas „Gefummel", angeberisch „frisieren" genannt, erwecken kann?

In den folgenden Abschnitten will ich versuchen, die Möglichkeiten der Nacharbeit an Modellmotoren aufzuzählen und dem Modellbauer, der unbedingt an seinem Motor herumbasteln will, wenigstens das Risiko dieser Tätigkeit nennen und was bestenfalls dabei herauskommt.

Unter Frisieren eines Modellmotors versteht man eine über übliche Fertigungstechniken hinausgehende Nachbearbeitung von Motorteilen zum Zweck der Leistungssteigerung. Werden dagegen nur die Laufeigenschaften eines Modellmotors verbessert, also niedriger Leerlauf mit guten Übergängen auf Vollgas, so möchte ich nicht von „Frisur" sprechen, sondern nur von einer Motoranpassung.

Welches Risiko bedeutet das Frisieren? Diese Frage erscheint mir sehr wichtig. Daher habe ich sie gleich an den Anfang dieses Kapitels gestellt, damit nicht jeder Leser den Eindruck gewinnt, ich verrate Patentrezepte, die die Industrie nur aus Gewinnsucht oder aus Gründen der Massenproduktion nicht anwendet. Das Risiko, mit einem selbst frisierten Motor auch wirklich eine bessere Leistung zu erhalten, ohne nicht dabei eine wesentliche Abnahme anderer wichtiger Laufeigenschaften miteinzuhalten, ist sehr groß. Daneben ist es wohl am meisten vorkommend, daß der Motor nach der Nacharbeit so weit „verbessert" wurde, daß nur noch Wegwerfen übrigbleibt. Wenn man nicht finanziell in der Lage ist, einen Motor danach zu verschrotten, so ist es besser, man läßt die Finger ganz von den Modellmotorenfrisuren und beschränkt sich auf einfache Motoranpassungen.

Als Werkzeug kann man praktisch eine komplette mechanische Werkstatt nennen mit wenigstens einer Drehbank mit Fräseinrichtung, einer Honmaschine, genauen Meßwerkzeugen, einer Dentistenspindel und besten Kleinwerkzeugen. Es ist zwar nicht unbedingt notwendig, alle diese Maschinen im Keller stehen zu haben, aber wenigstens eine Dentistenspindel oder Handschleifmaschine und eine Drehbank sollte man haben. Die Arbeiten auf Honmaschinen oder Fräsarbeiten muß man eben dann mit entsprechendem finanziellem Aufwand als Lohnarbeit weggeben.

Frisieren in Stufen

Die Modellmotoren kann man in Stufen frisieren. Stufe I beginnt schon beim Kauf des Motors. Ein schlechtes Motorexemplar kann man auch mit viel Sorgfalt und viel Geduld nicht zu einem Superexemplar züchten. Leider ist es den meisten Modellbauern nicht möglich, beim Kauf eines Motors sich das beste Exemplar einer Type auszusuchen. Im Kapitel über den Motoreneinkauf habe ich einige Hinweise gegeben, wie man aus einigen Motoren den mutmaßlich besten aussuchen kann.

Wir haben ein solches Superexemplar ausgewählt, und nun entscheidet es sich, ob unser Motor nach dem Einlaufen wirklich mit gut bezeichnet werden kann oder ob der erste Lauf schon sein Schicksal bestimmt hat. Wie man den Motor einläuft, ist im Kapitel „Einlaufen" beschrieben. Nach dem Einlaufen kann nun der Motor genau an die in Betracht kommende Luftschraubengröße angepaßt werden. Bei den Glühkerzenmotoren wird bekanntlich der Zündzeitpunkt nicht genau festgelegt oder gesteuert. Die Zündung beginnt in der Umgebung der Glühwendel, und von dort schreitet eine Flammenfront im Verbrennungsraum voran, bis das ganze Gemisch entflammt ist und verbrennt. Diese erste Zündung in Kerzenhöhe sollte einige Zeit früher einsetzen als der Kolben den oberen Totpunkt erreicht. Nur, wenn der Zündzeitpunkt genauso früh liegt, daß beim Abwärtsbewegen des Kolbens auch wirklich alles Gemisch entflammt, kann durch die Wärmeentwicklung mit raschem Druckanstieg im Brennraum der Motor eine maximale Leistung abgeben. Über Verbrennungsvorgänge im Motor möchte ich hier nichts mehr sagen, das steht am Anfang des Buchs. Wichtig ist nur an dieser Stelle, daß bei einem Glühkerzenmotor der Zündzeitpunkt kritisch ist und sich wesentlich auf die Leistung des Motors auswirkt, wesentlicher als alle mechanischen Bearbeitungskünste.

Beim Selbstzündermotor beeinflußt den Zündzeitpunkt die Verdichtung, oder bildlich besprochen, die Stellung des Kompressionsknebels. Es ist bekannt, daß der Motor vor jedem Flug, für jeden Treibstoff und jedes Wetter neu eingeregelt werden muß. Beim Glühkerzenmotor gibt es leider keine verstellbare Verdichtung als Regler des Zündzeitpunkts. Bei diesen Motoren wird vom Motorenhersteller eine als gut ermittelte mittlere Verdichtung von 1 : 5 bis 1 : 12 verwendet. Diese Verdichtung unterliegt aber Fertigungstoleranzen und ist ferner noch ein Kompromiß, wenn der Motor in der Drehzahl geregelt werden soll. Bei einer hohen Verdichtung ist der Zündzeitpunkt auf früh, also für hohe Drehzahlen, eingestellt. Der Motor wird dann im Leerlauf etwas rauh laufen und gern wegbleiben, im mittleren Drehzahlbereich stärker schütteln und nur bei Drehzahlen nahe der Maximalleistung zufriedenstellend sein. Die niedrige Verdichtung gibt zwar einen guten Leerlauf, aber auch dafür keine brauchbare Leistung bei höheren Drehzahlen. Meist läuft der Motor bei hohen Drehzahlen nicht durch und zeigt Überhitzungsneigungen.

Neben der Verdichtung beeinflußt noch die Glühkerzentype den Zündzeitpunkt. Heiße Kerzen bedeuten Frühzündung, kalte Kerzen analog also Spätzündung. Darum sind kalte Kerzen bei Motoren mit hoher Verdichtung meist in den Motorbetriebsanleitungen empfohlen. Weiter ist von Einfluß, welcher Treibstoff verwendet wird, ob mit Nitromethanzusätzen oder ohne, und welche Vergasereinstellung vorliegt. Ein fettes Gemisch zum Beispiel ergibt einen etwas späteren Zündzeitpunkt. Noch ganz wesentlich ist, ob der Motor mit Schalldämpfer betrieben wird und mit welchem. Ein Schalldämpfer mit einem hohen Strömungswiderstand bei Höchstdrehzahl des Motors bedingt, daß noch viel Verbrennungsrestgas im Zylinder zurückbleibt und nicht durch kühleres Frischgas ersetzt wird. Die Zündung wird dann durch höhere Verdichtungstemperaturen nach früher verschoben, was zum Nageln des Motors führt. Meist wird dann der Fehler begangen, den Vergaser fetter einzustellen. Der Motor läuft nun zwar ohne Nageln bei Vollgas, doch wird die Wärmebelastung des Motors hoch, und es kommt meist zum Überhitzen bei längerem Motorlauf und zu unangenehmen Ablagerungen von Ölkohle auf dem Kolben und auf dem Zylinderkopf. Einen Einfluß auf den Zündzeitpunkt haben auch noch die Kühlverhältnisse des Motors, besonders die des Zylinderkopfs.

Nun hoffe ich, wenigstens andeutungsweise die Problematik der Verbrennung in unseren Glühkerzenmotoren an Hand der Unsicherheit der Zündverhältnisse gezeigt zu haben. Es braucht aber der Modellbauer nicht gleich zu verzweifeln, der nicht ein Hochschulstudium der „Ingenieurwissenschaften" hinter sich hat. Durch systematische Versuche mit verschiedenen Verdichtungsverhältnissen kann man leicht für den gegebenen Treibstoff, das Wetter, das Modell, den Schalldämpfer und die Luftschraube sowie Vergaser das Optimum finden.

9.2. Die angepaßte Verdichtung beim Glühzündermotor

Sich über diese Frage Gedanken zu machen, lohnt sich nur bei Modellmotoren für größere ferngesteuerte Modelle, also bei Motoren über 5 ccm Hubraum. Bei einem kleinen 0,8 ccm COX-BABY-BEE als Hilfsmotor in einem Segelmodell ist die maximale Anpassung uninteressant, denn wenn die Leistung nicht ganz reicht, dann muß man eben einen Zylinderkopf vom COX-TEE-DEE kaufen oder, wenn das noch nicht reicht, gleich einen COX-TEE-DEE Motor.

Bei den großen Glühkerzenmotoren litert man zunächst den Kompressionsraum aus. Zu diesem Zweck nimmt man eine kleine Injektionsspritze, wie man sie bei seinem Hausarzt sicher bekommen kann (Wegwerfspritzen für Antibiotika).

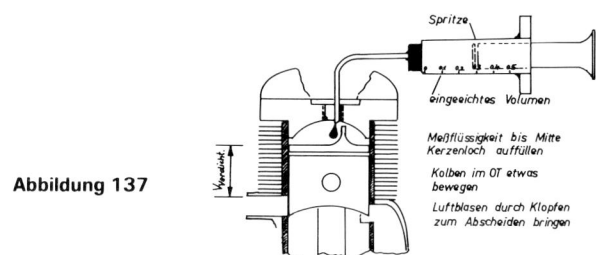

Abbildung 137

Falls man den Kompressionsraum ausgelitert hat und bei einem Super-Tigre ST 60 z.B. 0,875 ccm herausbekommen hat, so berechnet sich die Verdichtung des Motors wie folgt:

$$\frac{V_{hv} + K_{hv}}{K_{hv}} = \text{Verdichtung}$$

(V_{hv} = Verdichtungshubvolumen – K_{hv} = Kompressionshubvolumen)

Das Verdichtungshubvolumen ist dasjenige Volumen, das oberhalb der Steuerschlitze vom Kolben überstrichen wird. Zum Beispiel bei Super-Tigre ST 60, sind dies genau 8,620 ccm. Mit diesen Zahlen ergibt sich dann die Rechnung für die Verdichtung:

$$\frac{8,620 + 0,875}{0,875} = 10,85$$

Dies ist schon ein beachtlich hoher Wert, und an diesem Motor würde man zunächst versuchen, durch eine zweite Zylinderkopfdichtung die Verdichtung herabzusetzen, und dann kämen noch besonders kalte Kerzen als Erprobungsstücke in Frage. In der folgenden Tabelle habe ich die Verdichtung von einigen Testmotorexemplaren zusammengestellt:

WEBRA 61	8,65	Super-Tigre	60 Fl	9,60
OS–H 60 F	7,00	Super-Tigre	G 60	12,00
ENYA 60-III	6,70	Super-Tigre	St 60 SR	10,85
		Super-Tigre	St 60	9,80

Bei dieser Zusammenstellung ist es auffallend, daß alle Motoren aus Japan eine wesentlich geringere Verdichtung haben als Motoren aus den USA, Deutschland oder England. Dies dürfte vor allem darin liegen, daß in Japan immer noch Kraftstoffe mit Nitrobenzol verwendet werden und diese Kraftstoffe eine niedrigere Verdichtung fordern.

Falls man nun denkt, man könnte einfach die Verdichtung möglichst hoch treiben, den dann etwas mangelhaften Leerlauf mit Auspuffklappen und Zusatzbatterie für Leerlauf beherrschen, dem möchte ich nur zu bedenken geben, daß auch mit der Erhöhung der Verdichtung sich die Drücke im Zylinder erhöhen und dann eventuell Schwierigkeiten mit Pleuellagern und Kopfdichtungen auftreten.

Aus Erfahrung dürfte sich bei den Super-Tigre-Motoren der Serie ST eine Verdichtung von 9,0 empfehlen, bei Merco-Motoren ist wohl 8,5 optimal und bei Webra ein Wert dazwischen. Bei den Japanern kann man den Wert auf 8 bis 9 anheben. Diese Werte gelten für einen unnitrierten Kraftstoff und einen Minivox-Schalldämpfer.

Ideal wäre, wenn der Modellbauer für jedes Wetter einen speziellen Zylinderkopf mit Kerzen schon in der Schachtel hätte und einfach tauscht, wenn, wie auf Wettbewerben, der Motor optimal sein soll. Zum Motorfrisieren auf Stufe I gehört auch noch, daß der optimale Vergaserquerschnitt ermittelt wird.

9.3. Vergaserfragen

Über den Vergaser habe ich schon ausführlich geschrieben. Ich möchte mich hier nicht wieder mit langen theoretischen Fragen beschäftigen und bitte darüber in den entsprechenden Kapiteln nachzulesen.

Grundsätzlich ergibt ein Vergaser mit einem großen Luftquerschnitt eine etwas höhere Leistung. Nur durch den Anbau eines Vergasers vom Super-Tigre ST 60 erreichte ich eine Leistungszunahme von 20 %! Die Sache hat aber ihre Grenzen. Die Grenze ist die Zuverlässigkeit des Motors, der bei einem großen Luftquerschnitt im Vergaser keine Saughöhe für den Treibstoff mehr hat und dann bei jedem Looping stottert oder stehenbleibt. Man bezahlt für jeden kleinen Gewinn an Leistung irgendwoanders mit Lebensdauer oder Zuverlässigkeit. Für die meisten Motoren, wie OS oder ENYA, ist der Anbau von einem WEBRA-Vergaser recht günstig. Hier gewinnt man, falls der Motor einwandfrei mechanisch ist, etwas an Leistung und an Zuverlässigkeit im Leerlauf. Bei den Super-Tigre-Motoren hat sich der Webra-Vergaser nicht ganz so gut bewährt. Hier verliert man eher in der Spitzenleistung etwas, bekommt aber dafür einen sicheren Leerlauf und einen guten Übergang, wenn man langsam die Drossel öffnet. Beim schnellen Gasgeben stottert der Super-Tigre mit Webra-Vergaser gern. Der KAVAN- und der PERRY-Vergaser sind recht brauchbar. Etwas schwierig ist bei diesen

Vergasern nur die richtige Einstellung des Leerlaufs. Eine Mehrleistung ist mit diesen Vergasern im allgemeinen nicht verbunden. Falls man die Lust verspürt, seinen Motor mittels Vergaser optimal in der Leistung einzustellen, dann kann ich nur empfehlen, den Saugquerschnitt möglichst groß zu gestalten und einen Drucktank zu verwenden.

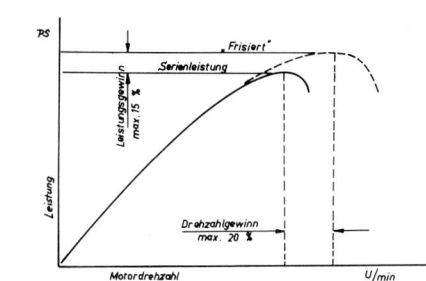

Abbildung 135

Mit den angegebenen Maßnahmen der Motorauswahl, des richtigen, sorgfältigen Einlaufens, der Anpassung der Verdichtung auf den Treibstoff und der Abstimmung am Vergaser kann man eine Mehrleistung von 10 bis 20 % erreichen, ohne allzuviel an Zuverlässigkeit und Lebensdauer dagegen abzugeben. Es ist auch im allgemeinen jedem Modellbauer möglich, diese Arbeiten durchzuführen. Wer sich aber immer noch nicht abhalten lassen will, an seinem Motor weiter Frisierarbeiten durchzuführen, und wer auch mal bereit ist, einen Motor, nach beendeter Arbeit zu verschrotten, der findet vielleicht einige Hinweise in der Frisierstufe II.

9.4. Frisieren Stufe II

Bevor ich einige Hinweise über mögliche Nacharbeiten an den mechanischen Teilen eines Motors gebe, muß gesagt werden, daß es nur sinnvoll ist, zu frisieren, wenn ein nach Stufe I schon optimaler Motor weiter getrimmt wird. An einem ausgeschlagenen Motor durch irgendwelche Nacharbeiten noch etwas gewinnen zu wollen, ist meist Zeitverschwendung. Man könnte sich zwar auf den Standpunkt stellen: an dem alten ausgeschlagenen Motor kann man nichts mehr verderben, es kann nur noch besser werden. Das ist aber nur erreichbar, wenn man den Grund für die schlechte Motorleistung kennt und die defekten oder verschlissenen Teile erneuert. Also nochmals gesagt:

Nur gute Motoren können noch besser werden.

Mit dem Frisieren möchten wir eine höhere Motorleistung erzielen. Diese höhere Motorleistung kann man auf drei Wegen bekommen:

1. Über eine gute Verbrennung mit gut abgestimmtem Treibstoff, Glühkerzen, Vergasereinstellung und Kompression; also Frisierstufe I.

2. Höhere Motordrehzahlen; Stufe II.

3. Höhere Gasfüllung durch Spülungsänderung; Stufe III

Beschäftigen wir uns mit dem Punkt 2. Wie aus den Testberichten hervorgeht, hat fast jeder Modellmotor irgendwo zwischen 10 000 U/min und 20 000 U/min seine maximale Leistung. Überschreitet man diesen Punkt der maximalen Leistung etwas, so fällt sie schnell ab. Würde man nun einen Modellmotor bei horizontalem Flug des Modells genau mit seiner maximalen Leistung betreiben, so könnte man durch leichtes Andrücken nicht noch etwas Leistung gewinnen, denn der Motor dreht einfach nicht wesentlich höher. In diesem Fall meint man, daß das Modell mit dem Motor etwas lahm und müde sei. Es könnte also das Ziel einer Motorfrisur sein, den Punkt der maximalen Motorleistung um einige hundert oder gar tausend U/min höher zu legen.

Warum ein Motor solch einen Leistungsabfall oberhalb einer bestimmten Drehzahl hat, kann mehrere Ursachen haben. Es kann sein, daß nicht genügend Frischgas angesaugt wird oder, anders gesagt, daß der Vergaserquerschnitt zu eng wird. Es können auch schlechte Strömungsbedingungen im Kurbelgehäuse die Spülgase behindern. In diesem Fall wären alle Kanäle zu polieren und alle Ecken zu runden. Es könnte ferner sein, daß der Spülgasdruck oder die Vorverdichtung zu niedrig oder zu hoch liegen, um noch genügend Frischgas in den Zylinder zu stoßen. Ferner ist es denkbar, daß der Wuchtzustand des Motors so schlecht ist, daß das Hin- und Herbewegen des Kolbens die ganze Leistung aufzehrt.

Wir wissen nun, wo wir unseren Hebel ansetzen müssen, und daß es nur gelingen wird, den Punkt des Leistungsabfalls nach höheren Drehzahlen zu verschieben. Nicht möglich ist es mit allen Arbeiten der Frisierstufe II die Leistung des Motors bei 12 000 U/min zum Beispiel von 1,0 PS auf 1,5 PS zu steigern. Wenn wir nachher die Drehzahl des frisierten Motors mit der gleichen Luftschraube messen, so werden wir im Stand wohl höchstens eine um 50 bis 100 U/min höhere Drehzahl feststellen.

Die Kurbelwelle wird das erste Objekt sein, an dem wir nacharbeiten und polieren. Bei einem Motor mit Flachdrehschieber brauchen wir nur zu untersuchen, ob es möglich ist, noch etwas an Gegengewichtsmassen anzubringen. Bei Motoren mit Kurbelwellenansaugung werden wir zunächst ein genau passendes Leichtmetallstück in den meist weit vor den Drehschieber gebohrten Kanal pressen und damit auch noch gleichzeitig das angesaugte Gas vom Vergaser sanft umlenken. Alle Kanten werden gut verrundet. Bei dieser Arbeit hilft uns eine Dentistenspindel viel. Der Ansaugkanal in der Kurbelwelle wird poliert und zur Kurbelwange hin trompetenförmig erweitert. Vorsicht ist nur geboten, daß wir die Kurbelwange nicht zu sehr schwächen und später mit einem Bruch der Welle gerechnet werden muß. Den Massenausgleich können wir meist noch etwas verbessern, wenn wir das Material über dem Kurbelzapfen abschleifen und eventuell noch die Kurbelwange in diesem Bereich anschrägen.

Eine möglichst hohe Vorverdichtung ist meist vorteilhaft bei einer Drehzahlanhebung. Wir müssen den Motor genau vermessen und ermitteln, ob auch die Pleuelstange wirklich ganz genau mittig am Zylinder steht. Meistens kann man den Kurbelzapfen noch um einige zehntel Millimeter abschleifen, da der Pleuel sowieso nicht so breit ist wie der Zapfen. Ferner ist der Abstand der Kurbelwelle zum hinteren Gehäusedeckel zu messen. In den Skizzen habe ich aufgezeichnet, wo und was man alles an der Kurbelwelle nacharbeiten kann. Besonders elegant ist es, wenn bei einer seitlich vom Kurbelzapfen ausgesparten Kurbelwange durch Überschleifen oder auch durch Überdrehen mit einem WIDIA-Meißel ein Stahlring Platz findet und die fehlenden Stücke in der Kurbelwange durch Magnesiumleichtmetall ersetzt werden. Daß der Kurbelzapfen möglichst viel ausgebohrt wird, ist selbstverständlich. Übrigens sind alle Bohrarbeiten an den meist gehärteten Kurbelwellen nur mit Hartmetallbohrern unter einer guten Ständerbohrmaschine möglich. Mit einer Handbohrmaschine ist man aufgeschmissen.

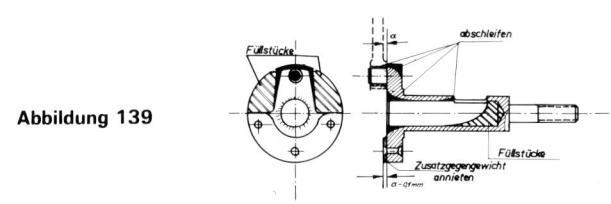

Abbildung 139

Die Lagerung der Kurbelwelle wird auch gleich überprüft. Die Kurbelwelle sollte nirgends an den Lagerflächen auf Druckstellen schließen lassen. Die Kugellager müssen fest im Kurbelgehäuse sein, und durch Nachmessen überzeugen wir uns, daß nicht eines der Lager verkantet eingesetzt ist.

Bei den meisten Modellmotoren ist das vordere Kugellager das sogenannte Festlager. Wir müssen in diesem Fall darauf achten, daß das hintere Lager noch mindestens 0,2 bis 0,3 mm Abstand zur Kurbelwange hat. Abb. 140.

Beim Massenausgleich muß man etwas vorsichtig sein, denn wenn man mehr als die rotierenden Massen plus halbe oszillierende Massen als Gegengewicht anbringt, so macht man mehr schlecht als gut. Wirklich hundertprozentig müssen die rotierenden Massen ausgeglichen sein. Die hin- und hergehenden Massen, wie Kolben, Kolbenbolzen und ein Teil der Pleuelstange, können übrigens bei einem Einzylindermotor nur mit größerem Aufwand ausgeglichen werden.

Das Kurbelgehäuse ist unser nächstes Polierstück. Hier versuchen wir dem Spülgas den Weg zu den Überströmungskanälen möglichst glatt und ohne

Kanten zu gestatten. Die Vorverdichtung erhöhen wir so weit als möglich, indem wir den Gehäusedeckel weiter in das Kurbelgehäuse hineinragen lassen oder indem wir ein Blech auf den Gehäusedeckel aufnieten.

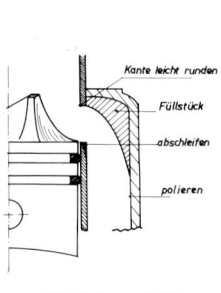

Abbildung 140   **Abbildung 141**

Die Überströmungskanäle werden poliert und so weit wie möglich vergrößert. Günstig ist, wenn der Gasstrom am Ende des Überströmungskanals schon in Spülrichtung gelenkt wird. Die Skizzen Abb. 141 zeigen, was gemeint ist.

Der Kolben wird so weit wie möglich erleichtert. Allerdings sollte man den Kolbenboden nicht allzusehr schwächen.

Meist kann man, wie in den Skizzen gezeigt, an der Kolbennase etwas Material abknabbern. Günstig hat sich eine Schneide am oberen Kolbenrand ausgewirkt.

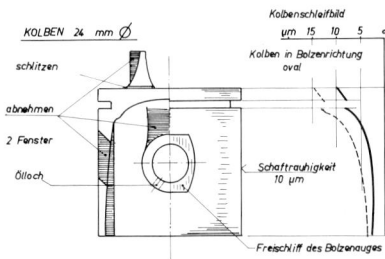
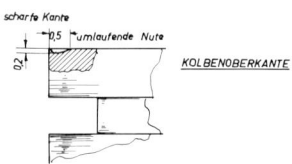

Abbildung 142   **Abbildung 143**

Meistens sind leider die Serienkolben für einen frisierten Motor nicht geeignet, denn die Kolbeneinbauspiele und die Kolbengestaltung sind ungeeignet. Einen brauchbaren Kolben habe ich nur bei einigen Super-Tigre-Motoren, beim ENYA und VECO/HB-Motor gefunden. Entschließt man sich, einen Kolben selbst zu machen, so sollte man als Material ein siliziumhaltiges Leichtmetall, wie zum Beispiel MAHLE Legierung 124 und 138 verwenden. Das Material kann man vielleicht aus einem alten Kolben entnehmen oder eventuell als Musterstück von einer Kolbenfirma erhalten. Eventuell bekommt man von einem Modellmotorenhersteller einen geschmiedeten Kolbenrohling, den man fertig bearbeitet.

Als eine günstige Maßnahme für eine höhere Leistung haben sich teilweise Fenster im Kolbenhemd und im Zylinder erwiesen. Durch diese Fenster kann auch noch das Gas unter dem Kolben in den Überströmkanal gelangen, das sonst nur über Umwege dorthin gelangen kann. Bei einem Super-Tigre habe ich mal diese Fenster eingebaut. Allerdings konnte ich bis zu 12 000 U/min keine wirkliche Leistungszunahme vermerken. Der Motor macht aber in der Luft einen wesentlich stärkeren Leistungsgewinn bemerkbar. Er zog viel besser durch.

Der Zylinderkopf kann durch Abnahme der Kühlrippen eventuell etwas wärmer gestaltet werden. Wärmeabfuhr sollte in Kerzennähe und auf der Auspuffseite sein. Es ist aber durch derartige Spielereien nicht viel an Motorleistung zu gewinnen. Interessanter ist es, einen Zylinderkopf mit zwei Glühkerzen einzubauen. Es ist mir zwar noch nie eindeutig gelungen, mit einem Doppelkerzenkopf auch eine meßbare höhere Leistung im Stand zu ermitteln, doch dürfte überlegungsmäßig der Verbrennungsablauf bei höheren Drehzahlen besser werden.

Pleuel und Kolbenbolzen habe ich bis jetzt noch nicht erwähnt. An diesen Teilen kann man viel tun, doch ist es meist recht schwierig, wirkliche Verbesserungen zu erzielen.

Bei einem idealen Pleuel müßte das obere und das untere Bolzenauge in ein vollnadliges Nadellager umgewandelt werden. Es gibt im Handel Miniaturlagernadeln von 0,78 mm ⌀, diese Lagernadeln gibt es in Längen von 3,0 mm aufwärts bis 7,5 mm. Allerdings bedeutet der Einbau dieser Nadellager, daß entweder der Hubzapfen etwas dünner geschliffen wird oder ein neuer Pleuel aus gehärtetem Stahl oder Dural mit eingepreßten Lageraußenringen aus Stahl gefertigt wird. Ich möchte annehmen, daß derartige Lagerungen nur wirkliche Supermechaniker und Uhrmacher herstellen können. Allerdings erbringen diese Lager auch eine wesentliche Leistungssteigerung und höhere Motorlebensdauer. Es ist mir auch bekannt, daß ein Rekordmotor solche Nadellager nicht nur am Kurbelzapfen, sondern auch am Kolbenbolzen hatte.

Der Zylinder muß auch noch behandelt werden. Hier schleift man alle Stege im Überströmfenster schmäler und verrundet die Fensterkanten. Meist ist es noch möglich, die Überströmkanalschlitze wesentlich zu verbreitern. Die Bearbeitung der Auslaßschlitze erscheint nicht ganz so notwendig, doch ist es sicher nicht nachteilig. Hüten sollte man sich allerdings davor, die Schlitzhöhen oder die Steuerzeiten zu verändern. Hier kann man meist einen Motor restlos ruinieren.

Die Lebensdauer eines Motors kann man entscheidend verlängern, wenn der Zylinder innen hartverchromt wird. Dies kann man bei einer galvanischen Anstalt vornehmen lassen. Allerdings muß man vorher den Zylinder etwas ausschleifen, um Platz für die Chromschicht zu schaffen. Nach der Verchromung muß der Zylinder wieder gehont und geläppt werden. Eine besonders gute Verchromung ist eine sogenannte Porösverchromung, die immer für eine gewisse Ölhaltung sorgt. Bei ungehärteten Zylindern ist ein Badnitieren dem Hartchrom noch überlegen. An der Nitrierschicht haftet das Öl besser, und es gibt keinen Kolbenfresser mehr, nur Kolbenklemmer.

Meistens wird über die Zylinderbüchse der Kühlrippenmantel nur lose geschoben. Im warmen Motor ist dann ein Spalt zwischen Zylinder und Kühlrippenteil, so daß die Wärme nicht abgeführt werden kann, und der Motor überhitzt. Hier hilft nur, den Zylinder außen dick verkupfern zu lassen. Wie stark die Schicht sein soll, muß ausgemessen werden. Der Zylinder muß danach auch bei gut angewärmtem Kühlrippenteil mit Überdeckung eingepreßt werden. Durch diese Maßnahme wird meist der Zylinder unrund und muß im Einbauzustand nachgehont werden.

Im übrigen sollten die Zylinder bei einem Motor mit Kolbenringen nicht ganz glatt sein. Durch das Honen sollten bewußt schräg laufende Riefen eingebracht werden, in denen dann im Motorbetrieb Öl haften bleibt. Diese Riefen sollten 25 % der Zylinderfläche „verbrauchen" und etwa einen Winkel von 20° zum Kolbenring bilden.

Als eine maximale Unrundheit des Zylinders kann 0,01 mm angesehen werden. Bei einem Kolben aus Kolbenwerkstoff mit Silizium ist ein Einbauspiel von 0,01 mm je 10 mm Zylinderdurchmesser maximal zulässig.

Damit hätte ich alles über die Möglichkeiten der Motorfrisur der Stufe II gesagt. Nochmals möchte ich daran erinnern, daß es mit dieser Nacharbeit am Motor im allgemeinen nicht möglich ist, die Leistung des Motors im unteren Drehzahlbereich zu steigern. Es gelingt nur, den Leistungsabfall des Motors nach höheren Drehzahlen zu verschieben und damit eine Leistungssteigerung durch höhere Drehzahlen zu erreichen. In der nächsten Frisierstufe werden Wege gezeigt, wie man aus gleichem Hubraum und Drehzahl eine höhere Leistung oder einen besseren Treibstoffverbrauch erhalten kann.

9.5. Frisieren Stufe III

In der Frisierstufe III wollen wir uns nicht allein auf die mechanische Verbesserung des Triebwerks beschränken, sondern nach dem letzten Stand der Kleinmotorentechnik alle Möglichkeiten der Spülung und des Gaswechsels ausnutzen. Einige Modellmotoren können leichter umgebaut oder so modifiziert werden, daß das Optimum an Leistung erreicht wird. Diese Motoren wären alle speziellen Rennmotoren wie Rossi, Dooling, Webra Speed, Super-Tigre G-Serie und die HP-Motoren, um einige zu nennen.

Welche Möglichkeiten haben wir nun, die Leistung des Motors noch über die heute übliche Literleistung von 100 PS/Liter Hubraum bei 12 000 U/min zu steigern?

Wir müssen bei unseren Motoren die Aufladeeffekte von auf Resonanz abgestimmten Saugleitungen und Schalldämpfern anwenden. In den theoretischen Kapiteln am Anfang des Buches habe ich einige Näherungsgleichungen zusammengestellt, nach denen man die Saugrohrlänge vom Lufteintritt bis zum Kurbelgehäusevolumen berechnen kann. Den Düsenstock des Vergasers plaziert man zweckmäßigerweise am Anfang der Saugleitung, sonst kann man in einigen Drehzahlbereichen Schwierigkeiten mit dem Ansaugen des Treibstoffs bekommen.

Bei den meisten hochtourigen Motoren wird nun nicht genau im oberen Kolbentotpunkt der Ansaugvorgang unterbrochen, sondern noch bis maximal 45° Kurbelwinkel nach OT fortgesetzt. Dies ist zunächst unverständlich, da ja der Kolben sich schon nach unten bewegt und eigentlich das angesaugte Gas im Kurbelgehäuse vorverdichten müßte. Durch die Trägheit des strömenden Ansauggemisches bei abgestimmtem Ansaugkanal gelangt immer noch etwas Frischgas in das Kurbelgehäuse, obgleich sich das Kurbelgehäusevolumen durch den herabkommenden Kolben verengt.

Bei einer optimalen Abstimmung der Saugrohrlänge müssen auch die Steuerzeiten des Ansaugdrehschiebers beachtet werden, und daneben spielt auch das Kurbelgehäusevolumen eine wichtige Rolle.

Als nächstes kann man mit einem abgestimmten Resonanzauspuff nochmals etwas an Leistung gewinnen. Wie die Sache funktioniert, habe ich in dem Kapitel über Auspuffanlagen ausführlich beschrieben. Bei einem derartigen Auspuff braucht man nicht auf einen Schalldämpfereffekt achten, denn bei einem Rennmotor interessiert vor allem der Leistungsgewinn und nicht ein Flüsterton des Motors. Aus diesem Grunde ist es notwendig, einen Resonanzschalldämpfer, soll er für diesen Zweck verwendet werden, seines Dämpferteils zu berauben und statt dessen eine verschiebbare Wand mit Endrohr einzubauen. Das Endrohr soll etwa den Querschnitt des Rohrs am Eintritt des Diffusors haben.

Von einigen Motorverbesserern und Rekordinhabern wird der in der Skizze angedeutete Auspuff verwendet. Dieser Resonanzauspuff soll speziell bei einer

Umkehrspülung zu einem erwünschten Nachladeeffekt führen. Im Grunde ist es aber genau der Auspuff nach dem „Sonex"-Prinzip, nur daß die Form etwas strömungsgünstiger und gefälliger ist.

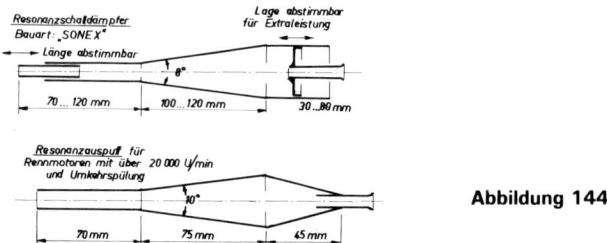

Abbildung 144

Mit der Frage der Resonanzschalldämpfer ganz eng verbunden ist die Frage der Zylinderspülung. Die Umkehrspülung ergibt eine sehr gute Ausspülung des Zylinders. Allerdings verliert diese Spülung bei Drehzahlen über etwa 20000 U/min an Wirksamkeit. Dies kommt daher, daß bei unseren Modellmotoren in der extrem kurzen Steuerzeit, während der der Überströmkanal offen ist, sich die Frischgasströmung nicht an der Zylinderwand abstützend bis zum Zylinderkopf ausbilden kann. Bei der reinen Querstromspülung kann man durch ein „Hineinschießen" der Frischgase auch noch bei den kurzen Zeiten der Spülphase bei Höchstdrehzahlen Frischgas in den Zylinder bekommen. Die Umkehrspülung kann man mit einem Resonanzschalldämpfer als Auspuff noch für höhere Drehzahlen voll wirksam hinbekommen. Bei der Querstromspülung ist diese Leistungsanhebung nicht so gut möglich, da hier meist das Frischgas zum Auspuff hinausgesaugt und durch den Nachladeeffekt nicht vollständig zurückgeschoben wird. Eine Kombination von Umkehrspülung und Querstromspülung ist bei unseren Modellmotoren ein Optimum, wenigstens danach, was bisher bekannt geworden ist. Die beiden Umkehrspülkanäle rechts und links des Auslaßschlitzes sind schräg nach oben aufgerichtet und öffnen vor dem Querstromspülschlitz. Mit derartigen Spülschlitzanordnungen dürfte es möglich sein, die erstrebte Literleistung von 360 PS/Liter bei 20000 U/min zu erreichen. Leider bedeutet dies, daß bei fast allen Rennmotoren ein neues Kurbelgehäuse und ein neuer Zylinder angefertigt werden müssen, ein Unterfangen nur für Supermechaniker oder Motorenhersteller!

Nun glaube ich, wenigstens andeutungsweise beschrieben zu haben, was und wo man an den heute üblichen Modellmotoren noch etwas verbessern kann. Eine weitere Leistungssteigerung der Modellmotoren wäre nur noch durch Sonderkonstruktionen und Mehrzylindermotoren zu erreichen.

10. Leistungsdiagramme und Kurzbeschreibung von Modellmotoren

Im folgenden sind einige heute handelsübliche Modellmotoren in ihren wesentlichen Details beschrieben. Die Leistungsdiagramme wurden auf einem Drehmomentenprüfstand gemessen, wobei verschiedene Luftschrauben als Bremslast montiert wurden. Die Leistungen sind, falls nichts angegeben, auf 750 mm Hg Luftdruck, 15° C und 50% relative Luftfeuchtigkeit bezogen, gezeichnet. Zum Teil sind auf den Diagrammen die Testbedingungen zusätzlich, wenn abweichend, angegeben.

Es wäre nun nicht korrekt, wenn ein Modellbauer seinen Motor nur nach den angegebenen Leistungsdiagrammen auswählen würde. Die angegebene Leistung ist nur für ein Einzelexemplar gültig, bei anderen Motoren aus der gleichen Serie kann die Leistung bis zu 10% nach oben oder auch bis zu 30% nach unten streuen. Diese Streuungen sind nicht allein auf Fertigungsungenauigkeiten zurückzuführen, sondern können auch durch ein schlechtes Einlaufen des Kolbens im Zylinder oder durch die Einbauverhältnisse in das Modell verursacht sein.

Für den Konstrukteur oder Hersteller von Modellmotoren sind die Einzelteilfotos und die Beschreibungen wertvolle Hinweise und Unterlagen. Aber auch für den interessierten Laien gibt das Studium der Diagramme und der Bilder einen Einblick in das Gebiet der Modellmotorentechnik.

10.1.

WEBRA-Sport Glow
1,7 ccm
Hersteller: Modell- & Feintechnik, Inh. Martin Eberth,
1 Berlin 36, Oranienstr. 6

Allgemeines:	Der Motor ist für kleine Flugmodelle gedacht, wobei vor allem ein preiswert herstellbarer Motor entwickelt wurde. Der Motor wird ohne einen Drosselvergaser geliefert. Den Drosselvergaser kann man als Sonderzubehör nachkaufen.
Kurbelgehäuse:	Einteiliges Kurbelgehäuse aus leichtem Alu-Druckguß. Oberflächlich durch Sandstrahlen bearbeitet. Lagerung der Kurbelwelle im Gehäusematerial.
Kurbelwelle:	Gehärtete Stahlkurbelwelle, geschliffen. Gegengewicht an der Kurbelwange.
Lagerung:	Alle Lager sind Gleitlager. Keine Bronzebüchsen.
Pleuel:	Alu gepreßt. Keine Lagerbuchsen.
Kolben:	Perlitischer Grauguß als Kolbenmaterial. Am Kolbenhemd wurde der Durchmesser unter dem Bolzenauge zur Reibungsverminderung reduziert. Kolbennase zur Gaslenkung.
Zylinder:	Zylinder aus Stahl gedreht mit integrierten Kühlrippen. Kolbenlauffläche gehont. Steuerschlitze gefräst.
Zylinderkopf:	Aludruckguß, an der Dichtfläche bearbeitet.
Vergaser:	Einfacher Vergaser. Drosselvergaser als Sonderzubehör lieferbar.
Laufverhalten:	Erstaunlich gute Leistungsausbeute. Motor springt leicht an. Etwas schwer zu regulierender Vergaser. Der Schalldämpfer dämpft gut das Motorengeräusch. Bemerkenswert ist die lange Gebrauchsdauer des Motors und die geringe Neigung zum Überhitzen.

Technische Daten:

Bohrung	13,0 mm ⌀
Hub	12,8 mm
Hubraum	1,69 ccm
Gewicht mit Schalldämpfer	134 g
Leistung	0,216 PS bei 15 700 U/min
Hubraumleistung	127 PS/Liter
Drehzahlbereich	8 000 bis 21 000 U/min

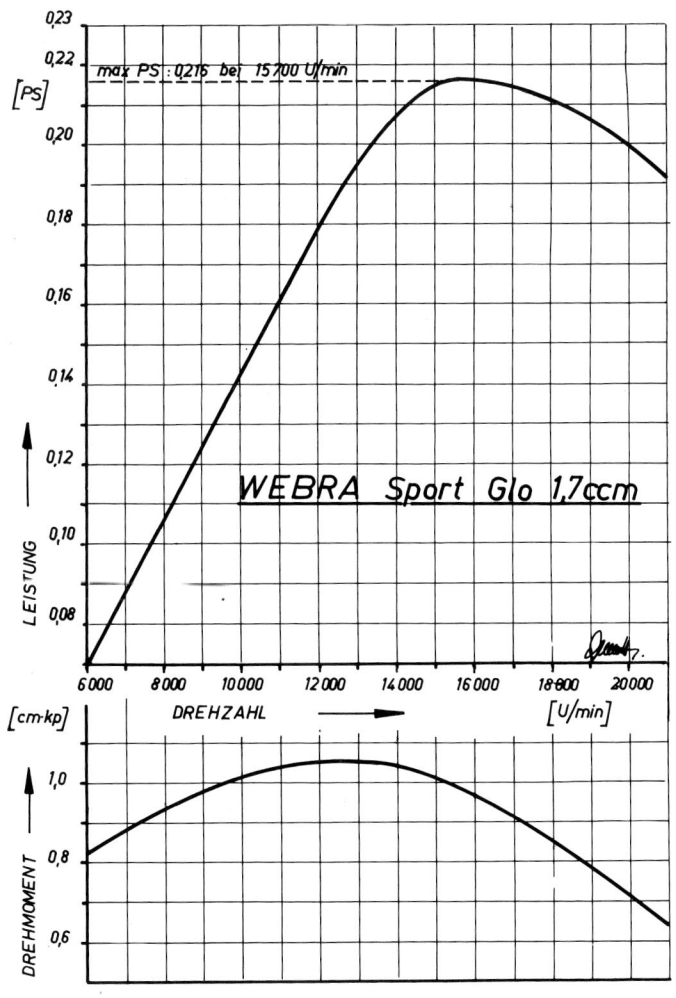

10.2.

WEBRA .40
6,44 ccm
Hersteller: Modell- & Feintechnik, Inh. Martin Eberth,
1 Berlin 36, Oranienstraße 6

Allgemeines:	Der Motor war die letzte in Serie gegangene Konstruktion von G. Bodemann. In den Motor wurden in seinem Konstruktionsjahr 1971 alle Erkenntnisse für derartige Modellmotoren eingebracht. Dennoch ist der Motor solide und gebrauchstüchtig bei hoher Leistung.
Kurbelgehäuse:	Zweiteiliges Kurbelgehäuse aus Leichtmetalldruckguß. Alle Paßflächen sind feinbearbeitet. Das Lagergehäuse wird mit vier Inbusschrauben an das Zylindergehäuse geschraubt. Die Zentrierung erfolgt über den Außenring des Kugellagers.
Kurbelwelle:	Kurbelwelle aus gehärtetem Stahl, geschliffen. Kurbelzapfen aus Wälzlagerstahl eingepreßt.
Lagerung:	Lagerung der Kurbelwelle in zwei Kugellagern. Pleuellager in Bronzebüchsen.
Pleuel:	Aluminium gepreßt. Lagerstellen ausgebüchst.
Kolben:	Spezielles Kolbenleichtmetall mit eutektischem Siliziumanteil. Der Kolben ist ganz zerspanend hergestellt. Kolbennase zur Gaslenkung und ein Kolbenring aus IKA-Kolbenringwerkstoff. Ringquerschnitt rechteckig.
Zylinder:	Stahl vergütet und gehont. Steueröffnungen teilweise gestanzt und gefräst.
Zylinderkopf:	Leichtmetall-Druckguß. Halbkugelbrennraum. Zentrale Kerzenlage. Metall dunkel eloxiert.
Vergaser:	WEBRA-Drosselvergaser mit Hauptdüse und beim Drosseln in den Düsenstock eintauchende Düsennadel für das Leerlaufgemisch.
Laufverhalten:	Motor springt sehr gut an, läuft ohne Leistungsabfall über mehrere Stunden im Dauerlauf. Sehr gut zu regulierender Vergaser. Problemloser Motor hoher Leistung mit gutem Schalldämpfer.

Technische Daten:

Bohrung	21,0 mm Ø
Hub	18,6 mm
Hubraum	6,44 ccm
Gewicht mit Schalldämpfer	355 g
Leistung	0,73 PS bei 14 000 U/min
Hubraumleistung	114 PS/Liter
Drehzahlbereich	8 000 bis 18 000 U/min

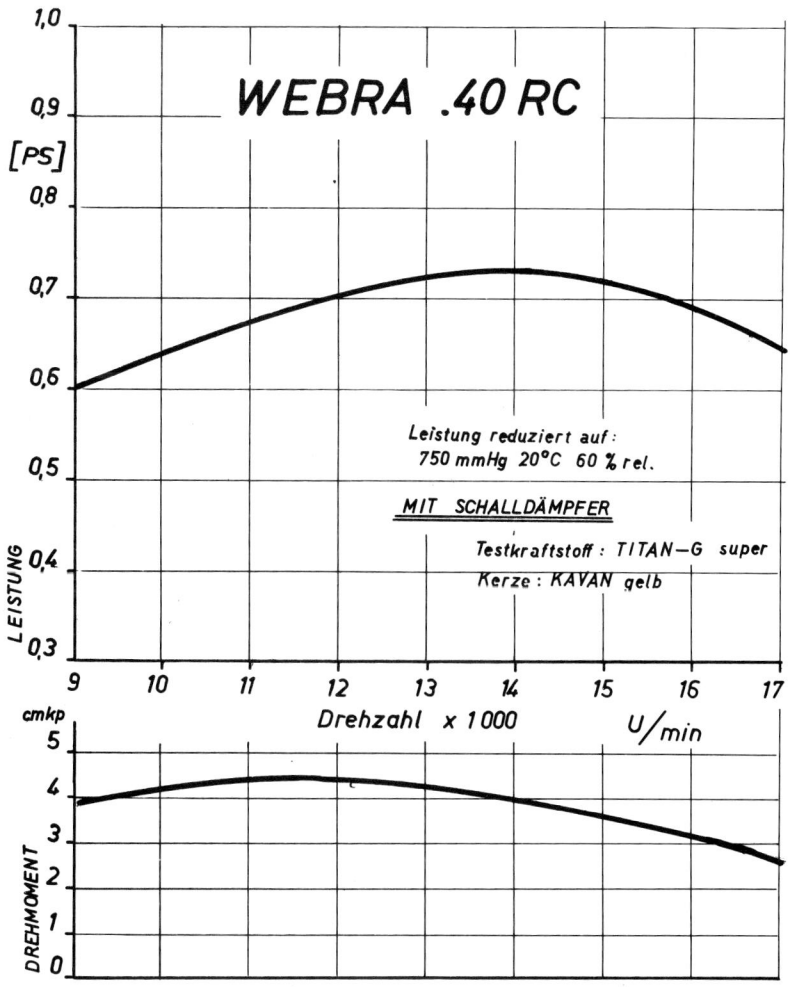

10.3.

WEBRA .61 — Blackhead
10,0 ccm
Hersteller: Modell- & Feintechnik, Inh. Martin Eberth
1 Berlin 36, Oranienstraße 6

Allgemeines:	Der Webra .61 Blackhaed ist die zweite Ausführung eines 10-ccm-Modellmotors der Firma. Der Motor wurde speziell für funkferngesteuerte Flugmodelle entwickelt. Auf Wettbewerben, wie der Weltmeisterschaft für ferngesteuerte Flugmodelle, ist der Motor seit Jahren der erfolgreichste.
Kurbelgehäuse:	Zweiteiliges Kurbelgehäuse aus leichtem Alu-Druckguß. Vorderes Lagergehäuse über Außenring des Kugellagers zentriert. Befestigung mit Inbusschrauben.
Kubelwelle:	Kurbelwelle mit Gegengewicht zum Kurbelzapfen. Kurbelzapfen aus einer Lagernadel eines Wälzlagers eingepreßt. Wellenmaterial Einsatzstahl gehärtet und geschliffen. Propellermitnehmer über Paßfeder gekuppelt.
Lagerung:	Kurbelwelle in zwei Rillenkugellagern normaler Ausführung. Pleuellager am Kurbelzapfen Gleitlager, am Kolbenbolzen ein Nadellager mit Käfig.
Pleuel:	Duraluminium gepreßt. Unteres Lager mit Bronze ausgebüchst, oberes Lager als Nadelbüchse eingepreßt.
Kolben:	In der neuesten Ausführung des Motors geschmiedeter Leichtmetallkolben aus eutektischer Silizium-Aluminium-Legierung (Mahle 124). Ein rechteckiger Kolbenring aus IKA-Gußeisen, Laufflächen des Ringes ferroxiert.
Zylinder:	Stahl vergütet und ausgehont. Überström- und Auspufföffnungen gestanzt. Beipaßöffnungen gebohrt.
Zylinderkopf:	Leichtmetall-Druckguß, zentraler Halbkugelbrennraum.
Vergaser:	WEBRA-Drosselvergaser mit Hauptdüse und in Leerlaufstellung in den Düsenstock eintauchender Leerlaufdüsennadel.
Laufverhalten:	Motor ist problemlos und sehr zuverlässig. In der Serie teilweise weniger gute Exemplare als wie gemessen. Guter Schalldämpfer.

Technische Daten:

Bohrung	24 mm ⌀
Hub	22 mm
Hubraum	9,95 ccm
Gewicht mit Schalldämpfer	492 g
Leistung	1,08 PS bei 15 000 U/min
Hubraumleistung	109 PS/Liter
Drehzahlbereich	6 500 bis 17 000 U/min

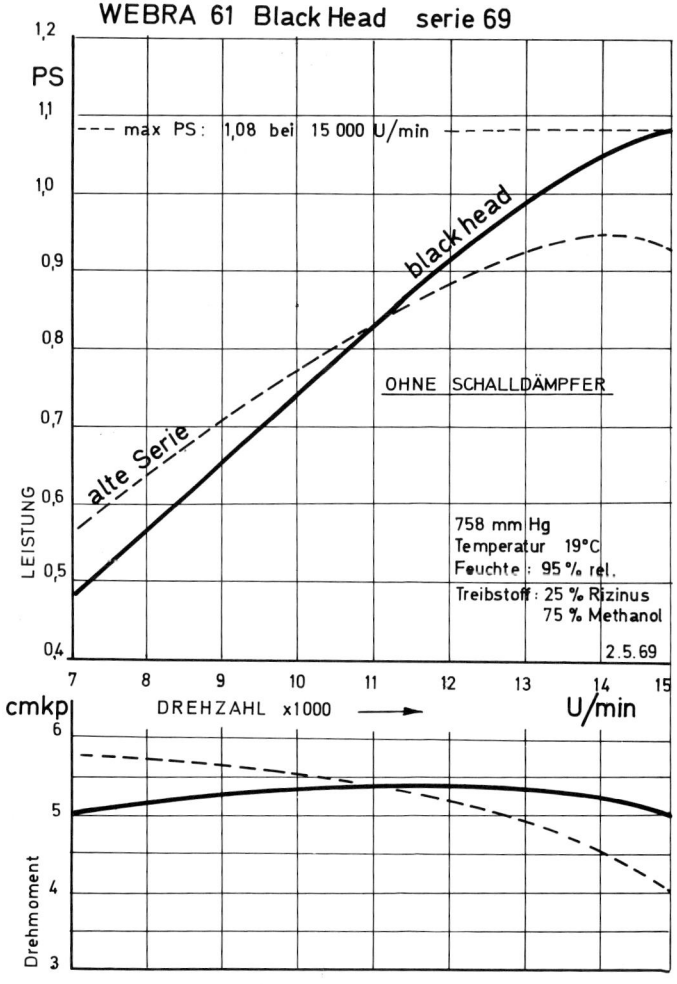

10.4

WEBRA — Speed .61 RC
10 ccm
Hersteller: Webra, Inh. M. Eberth, A—2551 Enzesfeld,
Eichengasse 572

Allgemeines:	Der WEBRA .61 Speed ist ähnlich in seinem Aufbau wie der HP .61 F. Beide Motoren kommen aus Österreich. Der Motor ist die modernste Konstruktion auf dem Markt. Als Spülung wird eine Umkehrspülung, kombiniert mit einem Querstromspülkanal, verwendet. Der Motor ist extrem leistungsfähig und im Kraftstoffverbrauch besonders niedrig. Die mechanische Qualität ist hoch.
Kurbelgehäuse:	Ein zweiteiliges Kurbelgehäuse mit angeflanschtem Kurbelwellenlagergehäuse aus dickwandigem Silizium-Alu-Druckguß. Die Kühlrippen sind tief herabgezogen, so daß die Wärmeabfuhr gewährleistet ist.
Kurbelwelle:	Stahl gehärtet und geschliffen. Großes Gegengewicht zum Kurbelzapfen und Kolbenmassenausgleich. Propellermitnehmer über Paßfeder gekuppelt.
Lagerung:	Kurbelwelle zweifach kugelgelagert. Normale Rillenkugellager. Ölabsaugkanal von Ansaugstutzen zum vorderen Kugellager und einer Ölsammelrille im Kurbelgehäuse. Pleuellager als Gleitlager.
Pleuel:	Geschmiedetes Duraluminium mit Bronzebüchsen an beiden Lagerstellen.
Kolben:	Flachkolben aus Kolbenmaterial Aluminium-Silizium, geschmiedet. Kolbenring aus IKA-Material mit rechteckigem Querschnitt durch Stift am Drehen gehindert. Kolbenbolzen mit Drahtringen gesichert.
Zylinder:	Stahlzylinder vergütet, gehont und außen geschliffen. Kanalöffnungen gefräst.
Zylinderkopf:	Leichtmetall-Druckguß, brennraumseitig bearbeitet. Zentralbrennraum in einem Flachkegelbrennraum. Metallzylinderkopfdichtung.
Vergaser:	Webra-TN-Vergaser mit axial verschiebbarem Drosselküken und in den Düsenstock eintauchende Leerlaufdüsennadel.
Laufverhalten:	Sehr gutes Anspringen. Besonders niedriger Kraftstoffverbrauch. Hohe Leistung, geringe Vibrationen. Brauchbarer Schalldämpfer mit solider Befestigung. Motor kann noch in der Leistung gesteigert werden.

Technische Daten:

Bohrung	24 mm ⌀
Hub	22 mm
Hubraum	9,97 ccm
Gewicht mit Schalldämpfer	529 g
Leistung	1,53 PS bei 15 400 U/min
Hubraumleistung	156 PS/Liter
Drehzahlbereich	8 000 – 18 000 U/min

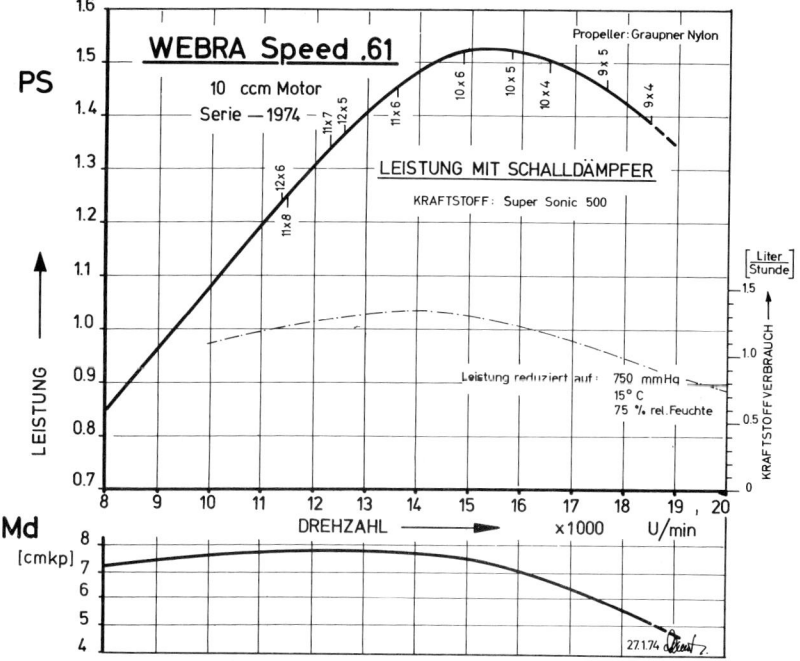

10.5.

OS — Max .20
Ogawa — Japan — Motor
3,2 ccm
Hersteller: Ogawa Model Mfg. Co. Ltd, Hiranobaba
Higashi-sumiyoshi, Osaka — Japan

Allgemeines:	Der Motor ist speziell für kleine funkferngesteuerte Flugmodelle mit 2 bis 3 Steuerfunktionen entwickelt worden. Er ist eine Weiterentwicklung des OS — Max 19, dem ein Drosselvergaser angepaßt wurde.
Kurbelgehäuse:	Einteiliges Kurbelgehäuse aus dichtem, leichtem Aludruckguß. Lagerbüchse für Kurbelwelle aus Messing eingegossen.
Kurbelwelle:	Stahl vergütet, geschliffen.
Lagerung:	Gleitlagerung in eingegossener Messinglagerbuchse im Kurbelgehäuse.
Pleuel:	Alu, gepreßt und auf Maß gefräst. Keine Lagerbuchsen.
Kolben:	Perlit-Grauguß, mit Kolbennase und Spülfenster auf Druckseite. Geläppt.
Zylinder:	Stahl vergütet, gehont und geläppt. Schlitze gefräst.
Zylinderkopf:	Leichtmetall gegossen und bearbeitet. Zentralbrennraum mit mittiger Kerze.
Vergaser:	Einfacher Drosselvergaser mit Drosselküken und Leerlauflüftöffnung.
Laufverhalten:	Gute Leistung über einen weiten Drehzahlbereich. Problemloser Motor beim Einregulieren von Vergaser, Kerzenauswahl und Kraftstoff. Robust und lange Gebrauchsdauer. Guter Schalldämpfer.

Technische Daten:

Bohrung	16,8 mm Ø
Hub	14,6 mm
Hubraum	3,24 ccm
Gewicht mit Schalldämpfer	205 g
Leistung	0,296 PS bei 14 300 U/min
Hubraumleistung	91,5 PS/Liter
Drehzahlbereich	9 000 U/min bis 16 000 U/min

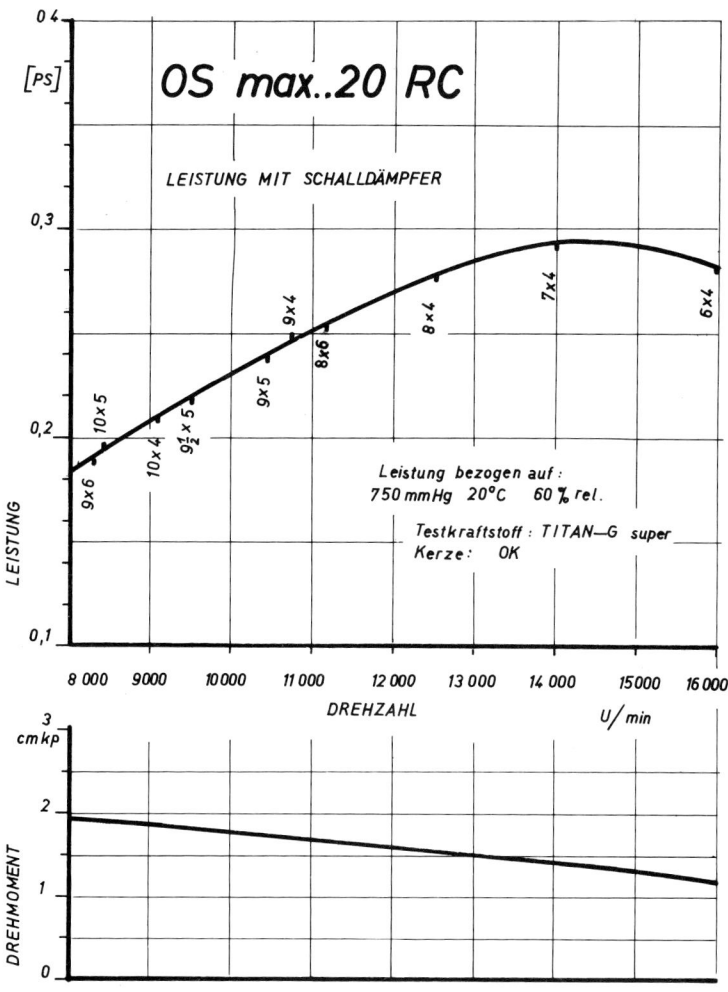

143

10.6.

OS – Max .60 GP
Ogawa – Japan – Motor
10 ccm
Hersteller: Ogawa Model Mfg. Co. Ltd, Hiranobaba
Higashi-sumiyoshi, Osaka – Japan

Allgemeines:	Der Motor entstand aus einem Motor mit hinten liegendem Drehschieber. Die erste Serie dieses Motors bewährte sich nicht. Durch eine Umkonstruktion und wesentliche Verbesserungen an den Lagern und am Kolben sowie Kolbenring entstand ein preiswerter, zuverlässiger und leistungsstarker Modellmotor. Der Motor ist weit verbreitet.
Kurbelgehäuse:	Zweiteiliges Kurbelgehäuse aus dichtem Leichtmetall-Druckguß. Das vordere Kurbelwellen-Lagergehäuse ist über den Außenring eines Kugellagers zentriert.
Kurbelwelle:	Kurbelwelle ist aus einem Stück gehärtetem Stahl spanend hergestellt. Der Kurbelzapfen ist gut durch ein Gegengewicht ausgeglichen.
Lagerung:	Kurbelwellenlager zwei Rillenkugellager. Pleuellager mit Messing ausgebüchst, Gleitlager.
Pleuel:	Dur-Aluminium geschmiedet und gefräst.
Kolben:	Leichtmetall aus dem Vollen gedreht. Bei neueren Serien Leichtmetall geschmiedet.
Zylinder:	Stahl leicht vergütet, gehont und außen überschliffen. Schlitze gestanzt. 4 x Auslaß, 5 x Überström.
Zylinderkopf:	Leichtmetall-Druckguß. Dichtfläche und Brennraum bearbeitet. Brennraum als Zentralbrennraum gestaltet.
Vergaser:	Einfacher Drosselvergaser in älteren Serien. In der neuesten Ausführung ein technisch aufwendiger, aber sehr leicht justierbarer Drosselvergaser.
Laufverhalten:	Gutes Anspringen bei kaltem Motor. Starten bei heißem Motor schwieriger. Ruhiger Lauf, guter Leerlauf. Lebensdauer durchschnittlich gut. Schalldämpfer dämpft mäßig, meist aber ausreichend.

Technische Daten:

Bohrung	24,00 mm ⌀
Hub	22,00 mm
Hubraum	9,95 ccm
Gewicht ohne Schalldämpfer	410 g
Leistung	1,01 PS bei 14 600 U/min
Hubraumleistung	102 PS/Liter
Drehzahlbereich	7 000 – 16 000 U/min

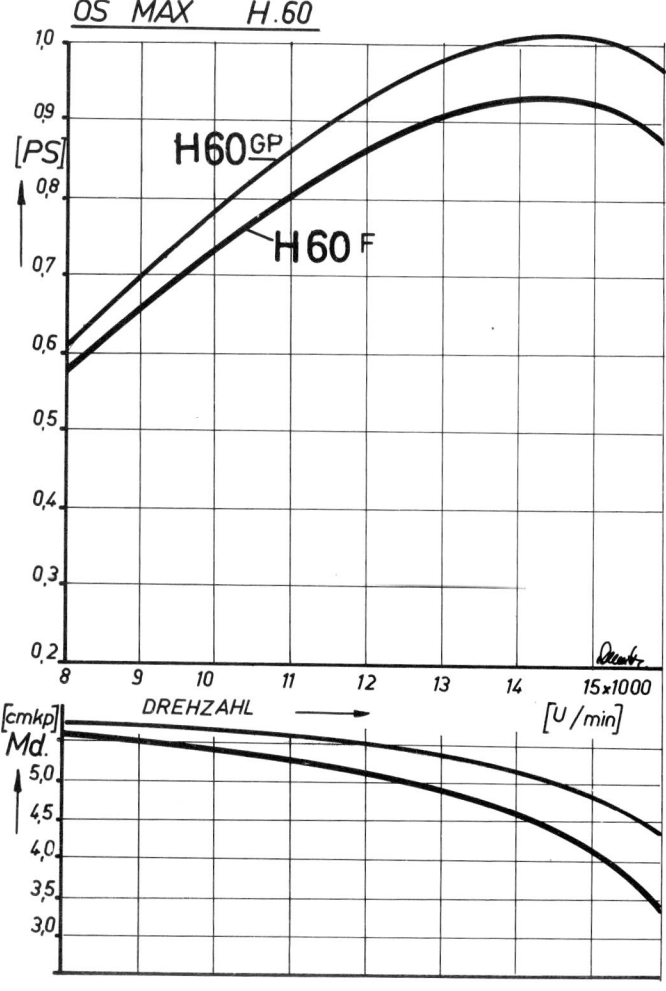

10.7.

OS – Max – Wankel
Wankel-Modellmotor in Lizenz NSU-Wankel
Kammervolumen 5,0 ccm
Lizenzhersteller: Ogawa Model Mfg. Co. Ltd.,
Hiranobaba Higashi-sumiyoshi, Osaka, Japan
Alleinvertrieb: Johannes Graupner, Kirchheim/Teck

Allgemeines:	Der Motor wurde von einem Mitarbeiter des Wankelinstituts als Hobby konstruiert. Die Lizenz für Flugmodellmotoren bis 10 ccm Kammervolumen hatte die Firma Graupner erworben, die dann auch die Hobbykonstruktion an den bekannten japanischen Hersteller von Modellmotoren weitergab. In Japan reifte der Motor zum Serienprodukt. Bis heute ist es der einzige Modellmotor der nach dem System NSU-Wankel serienmäßig gebaut wird.
Allgemeiner Aufbau:	Gehäuseteile weitgehend in Leichtmetalldruckguß. Die Seitenteile sind an den Laufflächen mit Stahl aufgespritzt und plangeschliffen. Das Trochoidengehäuse ist aus feinkörnigem Grauguß ganz zerspanend hergestellt. Der Läufer aus Stahl ist ebenfalls ganz zerspanend hergestellt. Die Dichtleisten in den Ecken sind aus IKA-Kolbenringmaterial mit untergelegter Blattfeder. Über das Gehäuse ist ein Kühlring mit Rippen geschoben.
Lagerung:	Insgesamt sind 4 Wälzlager eingebaut. Die Kurbelwelle läuft in zwei Rillenkugellagern und einem Nadellager.
Massenausgleich:	Der Massenausgleich durch Gegengewicht ist bis auf eine kleine Restunwucht fast vollständig durch zwei Gegengewichte an der Kurbelwelle vorgenommen.
Vergaser:	Es wird ein einfacher Drosselvergaser mit Drosselküken und Leerlaufzusatzluft verwendet.
Glühkerze:	Die Glühkerze steckt in einer Art Vorkammer. Nur heiße Kerzen mit Steg sind brauchbar.
Laufverhalten:	Starten nur mit Anlasser möglich. Extrem ruhiger Lauf. Kritisch beim Einregulieren des Leerlaufs. Sehr gut mit Schalldämpfer geräuschdämpfbar. Gute Lebensdauer.

Technische Daten:

Kammervolumen	4,91 ccm
Gewicht	335 g mit Montagering
Leistung	0,52 PS bei 15 700 U/min
Hubraumleistung	106 PS
Drehzahlbereich	8 000 – 20 000 U/min

WANKEL 4.9 ccm

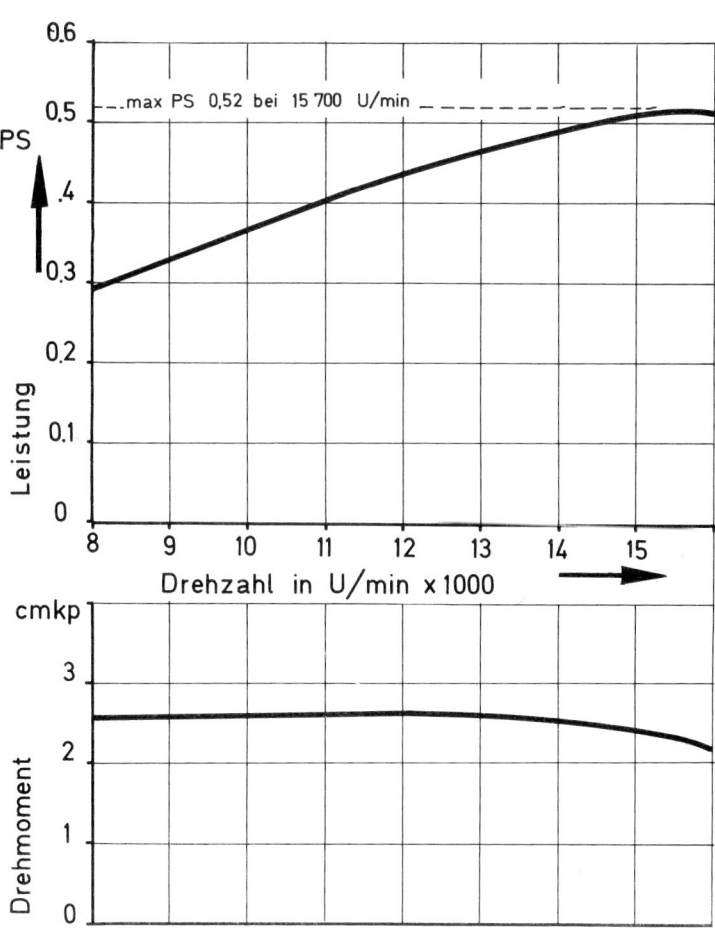

10.8.

HB .20
Helmut-Bernhardt-Motor
3,2 ccm
Hersteller: Helmut Bernhardt, Feinmechanik,
8354 Metten, Bayerischer Wald
Alleinvertrieb: Johannes Graupner, Kirchheim/Teck

Allgemeines:	Der Motor ist baugleich mit dem VECO .19 – Modell-Motor aus den USA. Obgleich vom Hersteller Bernhardt der Motor in Lizenz von VECO gebaut wird, sind die Einzel-Teile des USA-Motors und des deutschen Lizenzmotors nicht austauschbar. Der USA-Motor ist etwas leistungsstärker, der Lizenzmotor preiswerter.
Kurbelgehäuse:	Der VECO .19 hat ein einteiliges Gehäuse, der HB .20 ein zweiteiliges. Der HB .20 – Motor kann neben der Seitenflanschbefestigung noch an einen Rückenflansch montiert werden, was für Flugmodelle sehr praktisch ist.
Kurbelwelle:	Einsatzgehärteter Stahl, geschliffen im Einstechverfahren, daher besonders genau und eng toleriert. Großes Gegengewicht zum Kurbelzapfen, Zapfen ferroxiert.
Lagerung:	Kurbelwellenlagerung in zwei Rillenkugellagern in Sonderabmessungen. Pleuellager ohne Lagerbuchsen.
Pleuel:	Duraluminium gepreßt und Lagerbohrungen gerieben, nicht symmetrisch.
Kolben:	Kolben aus Perlitguß ganz zerspanend hergestellt. Das Kolbenmaterial ist thermisch vergütet, so daß sich kleinste Wärmeausdehnungen ergeben.
Zylinder:	Stahlrohr gehont und überschliffen. Schlitze gestanzt.
Zylinderkopf:	Ganz aus Leichtmetall gefräst. Brennraum halbkugelig.
Vergaser:	Verwendet wird ein Perry-Vergaser mit Regelscheibe für das Leerlaufgemisch. Der Vergaser wird von Bernhardt in USA-Lizenz hergestellt.
Laufverhalten:	Der Motor springt gut an und läuft auch bei schlechter Kühlung ohne Drehzahlabfall gut durch. Die ersten Motoren der Lizenzfertigung hatten auf Grund eines Herstellungsfehlers des Kolbenbolzens nur eine kurze Lebensdauer. Der heute hergestellte Motor ist mängelfrei und der bestgefertigte Motor seiner Klasse. Schalldämpfer ist zufriedenstellend dämpfend.

Technische Daten:

Bohrung	16,13 mm ⌀
Hub	15,58 mm
Hubraum	3,17 ccm
Gewichte	HB .20 mit Schalldämpfer 223 g
	VECO .19 mit Schalldämpfer 216 g
Leistung	0,35 PS bei 14 500 U/min
Hubraumleistung	111 PS/Liter
Drehzahlbereich	7 000 – 18 000 U/min

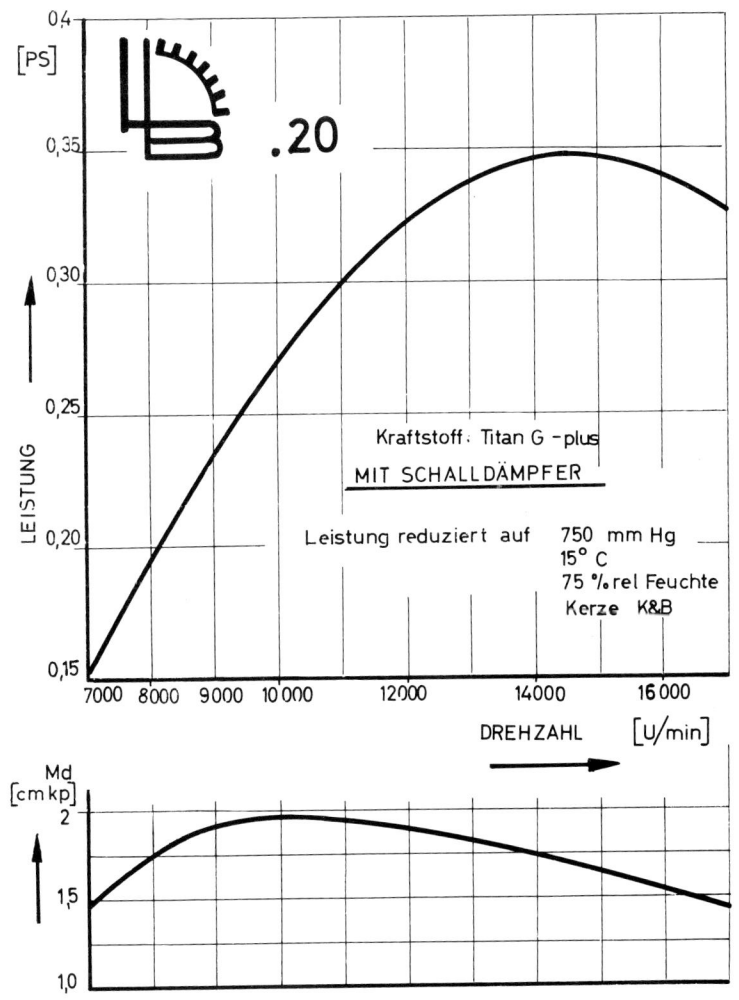

10.9.

HB .61
Helmut-Bernhardt-Motor
10 ccm
Hersteller: Helmut Bernhardt, Feinmechanik,
8354 Metten, Bayerischer Wald.
Alleinvertrieb: Johannes Graupner, Kirchheim/Teck.

Allgemeines:	Der Motor wurde aus einem in Lizenz gefertigten amerikanischen Modellmotor heraus enwickelt. Er ist baugleich mit dem VECO .61–Motor, europäische Serie. Die Schraubengewinde sind alle im Zollmaß, ansonsten ist der Motor mit metrischen Maßen gebaut. Querstromspülung.
Kurbelgehäuse:	Dichter, leichter Aludruckguß. Alle Passungen sind gehont.
Kurbelwelle:	Einsatzgehärteter Stahl. Großes Gegengewicht an der Kurbelwange.
Lagerung:	Zwei Rillenkugellager mit vergrößerter Radialluft. Vorderes Lager mit Dichtlippe. Durch Ölrücksaugkanal absolut dichte Kurbelwellenlagerung.
Pleuel:	Leichtmetall geschmiedet. Lagerstellen mit Bronze ausgebuchst. Pleuel ist symmetrisch.
Kolben:	Geschmiedeter Nasenkolben aus eutektischer Alu-Silizium-Kolbenlegierung. Ein Kolbenring mit L-Querschnitt und geringster Vorspannung aus perlitischem Grauguß.
Zylinder:	Stahl gehont und geschliffen. Oberfläche badnitriert.
Zylinderkopf:	Ganz aus Aluminium gefräst. Brennraum halbkugelförmig um mittige Kerze.
Vergaser:	Perry-Vergaser, der von Bernhardt in Lizenz hergestellt wird.
Laufverhalten:	Extrem ruhiger Lauf. Hohes Drehmoment und thermisch hoch belastbarer Motor. Ideal für Boote, Hubschrauber und Hochleistungsflugmodelle. Motor kann durch Umsetzen des Kurbelgehäuses und Drehen des Lagerungsteils rechts und links laufen bei gleicher Leistung.

Technische Daten:

Bohrung	24,00 mm ⌀
Hub	22,00 mm
Hubraum	9,97 ccm
Gewicht mit Schalldämpfer	507 g
Leistung	1,30 PS bei 13 500 U/min
Hubraumleistung	128 PS/Liter
Drehzahlbereich	2 000 U/min bis 18 000 U/min

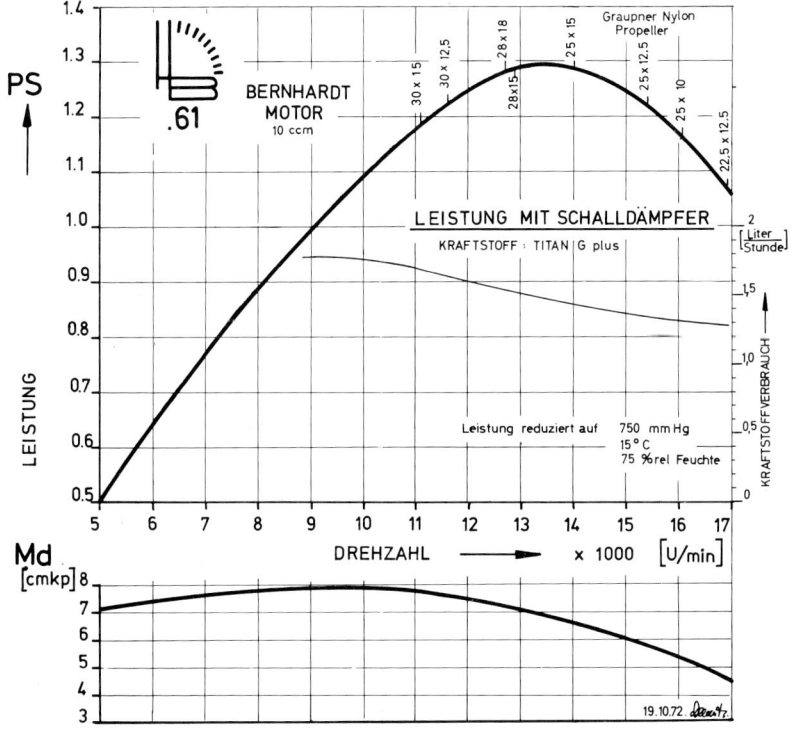

10.10.

HB .61 — STAMO
Helmut-Bernhardt-Motor
10 ccm
Hersteller: Helmut Bernhardt, Feinmechanik,
8354 Metten, Bayerischer Wald.
Alleinvertrieb: Johannes Graupner, Kirchheim/Teck.

Allgemeines:	Der Motor HB .61 — Stamo ist ein Modellmotor mit angebautem Kühlluftgeblase, der weitgehend die Bauteile des HB .61 Motors verwendet. Das Kühlluftgebläse wird über einen verlängerten Kurbelzapfen als Mitnehmer angetrieben. An der Welle des Kühlluftgebläses kann ein Teil der Motorleistung abgenommen werden.
Kurbelgehäuse:	Zweiteiliges Gehäuse aus leichtem und dichtem Leichtmetalldruckguß. Alle Passungen sind gehont oder feingedreht. Kühlluftgebläse mit Gehäuse aus Nylon.
Kurbelwelle:	Kurbelwelle aus gehärtetem Stahl, geschliffen und durch einen mit Linksgewinde eingeschraubten Zapfen verlängert am Kurbelzapfen.
Lagerung:	Hauptkurbelwelle zweifach kugelgelagert, die Welle des Kühlluftgebläses ist ebenfalls zweifach kugelgelagert. Spezielle Ölabdichtung mit Ölrücksaugkanal.
Pleuel:	Leichtmetall geschmiedet. Lagerstellen mit Bronze ausgebuchst, symmetrisch.
Kolben:	Geschmiedeter Nasenkolben aus eutektischer Alu-Silizium-Kolbenlegierung. Ein Kolbenring mit L-Querschnitt und geringster Vorspannung, aus perlitischem Grauguß.
Zylinder:	Stahl gehont und geschliffen. Oberfläche badnitriert.
Zylinderkopf:	Ganz aus Aluminium gefräst. Brennraum halbkugelförmig und mittige Kerzenlage.
Vergaser:	Speziell auf diesen Motor angepaßter Perry-Vergaser. Der Vergaser wird von Bernhardt in USA-Lizenz hergestellt.
Laufverhalten:	Extrem ruhiger Lauf. Hohes Drehmoment bis 10 000 U/min. Kühlgebläse sehr gut wirksam und auch für tropische Verhältnisse ausreichend. Motor läuft nur in einer Drehrichtung. Sonderschalldämpfer mäßiger Wirksamkeit. Geringer Treibstoffverbrauch.

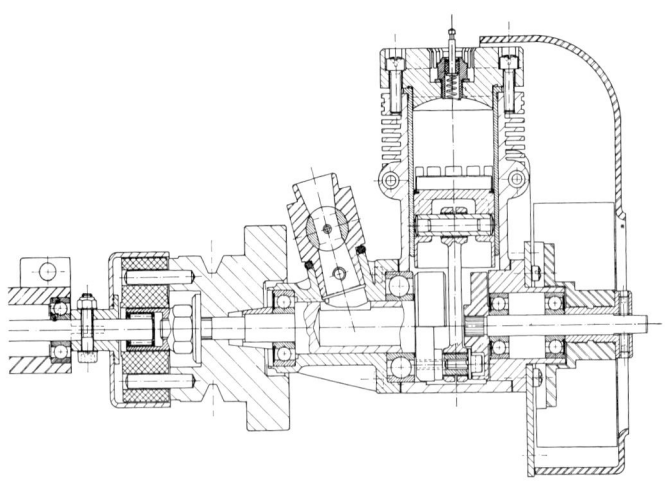

Technische Daten:

Bohrung	24,00 mm ⌀
Hub	22,00 mm
Hubraum	9,97 ccm
Leistung	1,03 PS bei 12 000 U/min
Gewicht mit Schalldämpfer	625 g
Hubraumleistung	104 PS/Liter
Drehzahlbereich	3 000 – 16 000 U/min

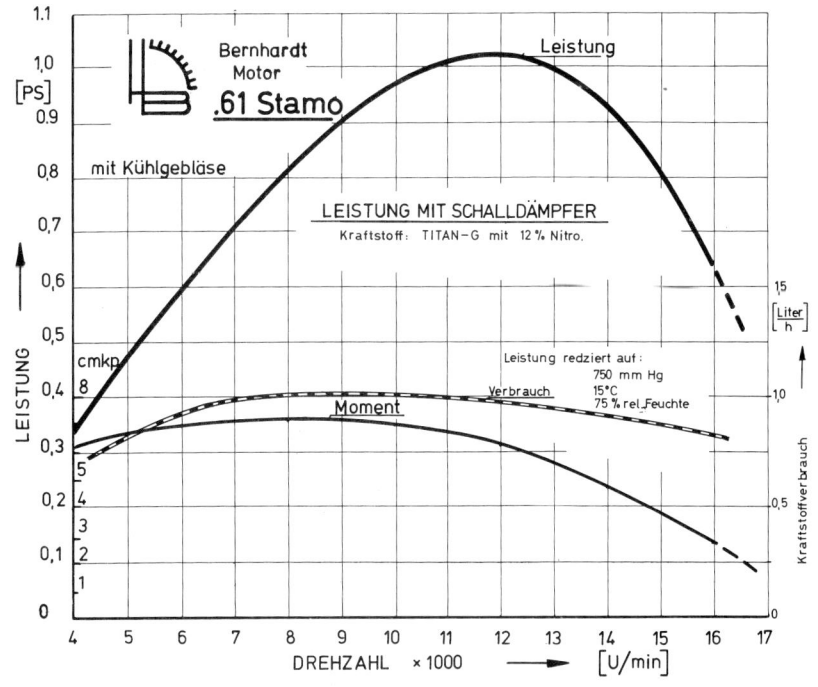

10.11.

Sprint 1,7
Hörnlein – Motor
1,7 ccm
Hersteller: Hörnlein, Neu-Ulm
Vertrieb und Service: Johannes Graupner,
Kirchheim/Teck

Allgemeines:	Der Motor wurde nach einer Reihe von erfolgreichen Dieselmotoren des Herstellers als Glühzünder entwickelt. Das Kurbelgehäuse ist eigenartig eckig gestaltet. Als Motor für kleinere Flugmodelle hat sich der Sprint 1,7-ccm-Motor gut bewährt.
Kurbelgehäuse:	Zweiteiliges Leichtmetall-Druckgußgehäuse. Alle beanspruchten Querschnitte sind überdimensioniert.
Kubelwelle:	Stahl gehärtet und geschliffen. Kaum Massenausgleich durch ein Gegengewicht.
Lagerung:	Kurbelwelle in zwei Rillenkugellagern. Pleuel ohne Lagerbuchse, Gleitlager.
Pleuel:	Leichtmetall gepreßt. Lagerstellen ausgerieben.
Kolben:	Kolben aus perlitischem Grauguß, geschliffen, gehont und geläppt. Sehr guter Einpaß in den Zylinder. Nasenkolben für die Gassteuerung.
Zylinder:	Stahlzylinder vergütet mit angedrehten Kühlrippen. Dadurch sehr geringer Verzug bei thermischer Beanspruchung.
Zylinderkopf:	Leichtmetall-Druckguß. Sehr geringer Querschnitt, so daß sich leicht bei ungleichem Anziehen der Kopfschrauben der Zylinderkopf verzieht und undicht wird.
Vergaser:	Einfacher Drosselvergaser mit zusätzlich regelbarer Leerlaufluftöffnung. Drosselvergaser ist nur als Zubehör lieferbar, serienmäßig ist ein nicht regelbarer „Vollgas"-Vergaser.
Laufverhalten:	Beachtlich gute Leistung mit dem „Vollgasvergaser". Leichtes Anspringen und ganz geringer Verschleiß von Kolben und Zylinder. Schalldämpfer mäßig dämpfend.

Technische Daten:

Bohrung	13,0 mm Ø
Hub	12,8 mm
Hubraum	1,71 ccm
Gewicht ohne Schalldämpfer	105 g
Leistung	0,234 PS bei 20 600 U/min
Hubraumleistung	137 PS/Liter
Drehzahlbereich	7 000 – 22 000 U/min

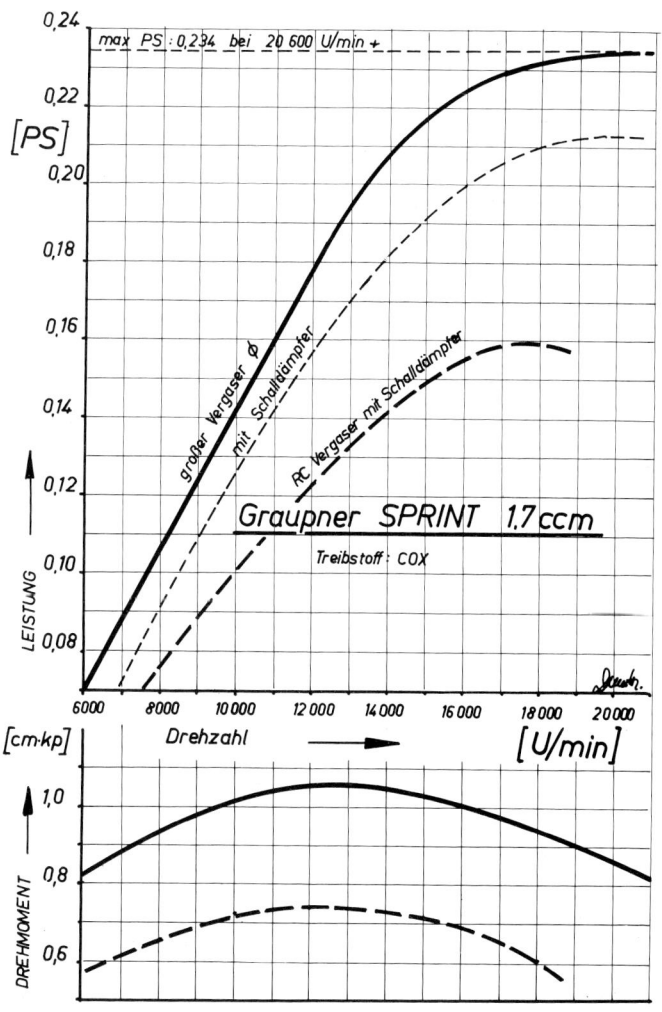

10.12.

MERCO .29 und MERCO .35
D. J. Allen-England-Motor
4,8 und 6,0 ccm
Hersteller: D. J. Allen Engeneering Ltd.,
Edmonton, London, GB.

Allgemeines:	Die Motoren von Allen sind in der ganzen Welt bekannt. Von den neueren Motortypen sind vor allem die beiden Motorgrößen Merco .29 mit 4,8 ccm Hubraum und Merco .35 mit 6,0 ccm Hubraum populär. Die Motoren werden in kleinerer Serie mehr handwerklich hergestellt. Die Toleranzen sind gering, dennoch gibt es unter den Motoren stärkere Leistungsstreuungen. Ein sorgfältiges Einlaufenlassen ist unbedingt notwendig.
Kurbelgehäuse:	Einteiliges Kurbelgehäuse aus dichtem Alu-Druckguß. Rückwärtige Deckelschrauben können zur Flanschmontage des Motors verwendet werden.
Kurbelwelle:	Gehärtete Kurbelwelle aus Chrom-Nickel-Stahl, geschliffen und geläppt. Mitnehmer aufgepreßt. Guter Einpaß in das Kurbelwellenlager.
Lagerung:	Kurbelwellenlager Gleitlager mit Bronzebüchse. Pleuellager ausgebüchst und Gleitlager.
Pleuel:	Duraluminium gepreßt. Lagerstellen ausgebüchst.
Kolben:	Perlitischer Graugußkolben. Kolbennase für die Gaslenkung. Kolben geschliffen, geläppt und als Auswahlpassung mit dem Zylinder gepaart.
Zylinder:	Stahlzylinder vergütet. Schlitze gefräst. Lauffläche gehont, außen überschliffen.
Zylinderkopf:	Leichtmetall-Druckguß, äußerlich eloxiert. Halbkugeliger Brennraum.
Vergaser:	Normaler Drosselvergaser mit axial verschiebbarem Drosselküken. In die Hauptdüse eintauchende Leerlaufdüsennadel. Der Vergaser ist trotz des mechanischen Aufwandes gut zu justieren.
Laufverhalten:	Sehr gutes Anspringen. Lange Einlaufzeit von etwa 5 Stunden. Der Motor schuttelt etwas, besonders der 6,0-ccm-Typ. Durch sorgfältige Materialauswahl und gutes Einpassen ist die Lebensdauer des Motors überdurchschnittlich.

Technische Daten:

	.29	.35
Motor-Typ		
Bohrung	18,70 mm ⌀	20,24 mm ⌀
Hub	18,0 mm	18,0 mm
Hubraum	4,94 ccm	5,82 ccm
Gewicht (ohne Schalldämpfer)	243 g	249 g
Leistung	0,6 PS	0,6 PS
Hubraumleistung (PS/Liter)	122	102
Drehzahlbereich	6 000 – 18 000 U/min	dto.

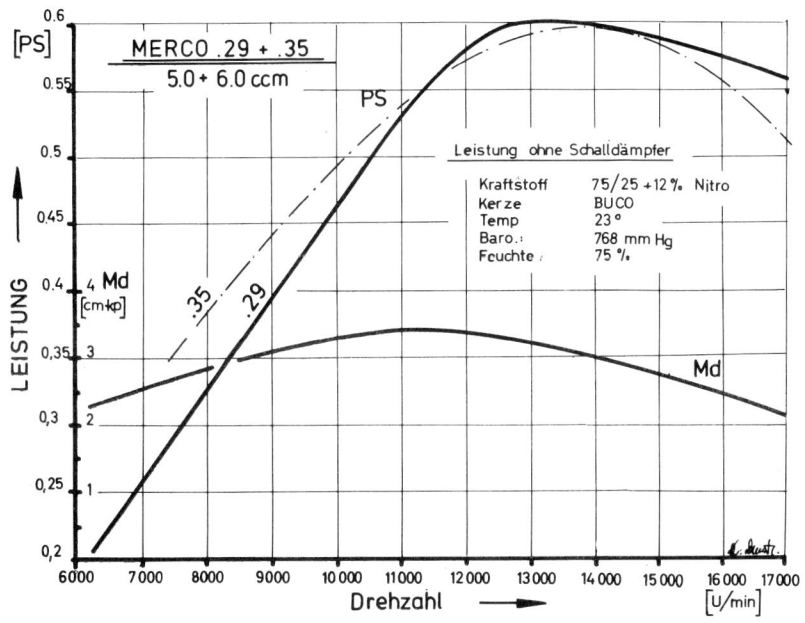

10.13.

ENYA .60—III B
Japanischer Modellmotor
10 ccm
Hersteller: ENYA Metal Products Co. Ltd.,
5—11—13 Toyotama — Kita Nerimaku
Tokyo, Japan
Vetrieb: Robbe-Modellbau, Metzlos-Gehaag.

Allgemeines:	Der Motor wurde in den letzten Jahren laufend weiterentwickelt, wobei jeweils die neuesten Erkenntnisse der Spülung und der Fertigung berücksichtigt wurden. Das Ergebnis ist ein besonders zuverlässig laufender Motor, dem die längste Gebrauchsdauer nachgerühmt wird. Der Motor wurde von mehreren Weltmeistern und Rekordinhabern benutzt.
Kurbelgehäuse:	Dickwandiges aber dennoch leichtes Alu-Druckgußgehäuse. Solide Befestigungsflansche. Kurbelgehäuse zweiteilig mit angeschraubtem Kurbelwellenlagerteil. Kein Gehäusedeckel.
Kurbelwelle:	Chrom-Nickel-Stahl gehärtet und geschliffen. Sorgfältig ausgewuchtet.
Lagerung:	Kurbelwelle in zwei Rillenkugellager. Pleuellager als Gleitlager mit Bronzebuchsen.
Pleuel:	Dural-Pleuel geschmiedet. Lagerstellen ausgebüchst.
Kolben:	Kolben aus besonders legiertem Aluminium-Silizium-Material geschmiedet. Ein Kolbenring mit rechteckigem Querschnitt aus hochwertigem Kolbenringguß. Nasenkolben mit zwei Fenstern auf der Druckseite zur besseren Spülung.
Zylinder:	Stahlzylinder aus vergütetem Chromstahl. Fenster gestanzt und gefräst.
Zylinderkopf:	Zylinderkopf aus Leichtmetallguß. Brennraum und Außenkontur überdreht. Zentraler Brennraum mit mittiger Kerzenlage.
Vergaser:	ENYA-Vergaser mit automatischer Kraftstoffdrosselung beim Drehen des Drosselkükens. Bei üblichem Kraftstoff ein problemloser und einfacher Vergaser.
Laufverhalten:	Ruhiger Lauf, gutes Anspringen ob warm oder kalt. Mäßiger Kraftstoffverbrauch. Zufriedenstellender Schalldämpfer. Motor hat besonders geringen Verschleiß.

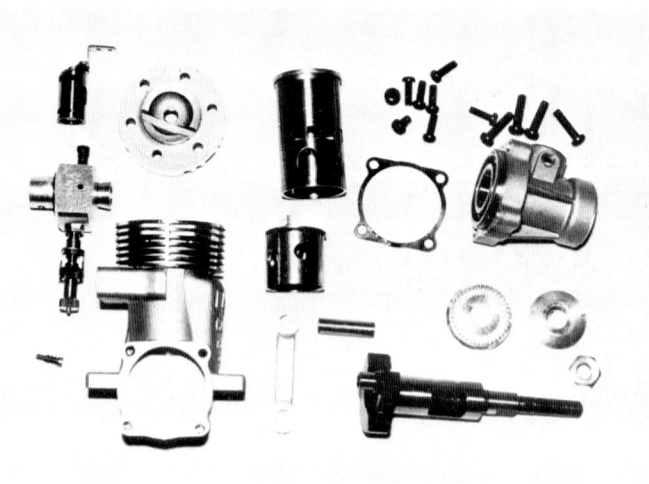

Technische Daten:

Bohrung	24,00 mm Ø
Hub	22,00 mm
Hubraum	9,95 ccm
Gewicht (ohne Schalldämpfer)	423 g
Leistung	1,27 PS bei 13 400 U/min
Hubraumleistung	129 PS/Liter
Drehzahlbereich	5 000 bis 17 000 U/min

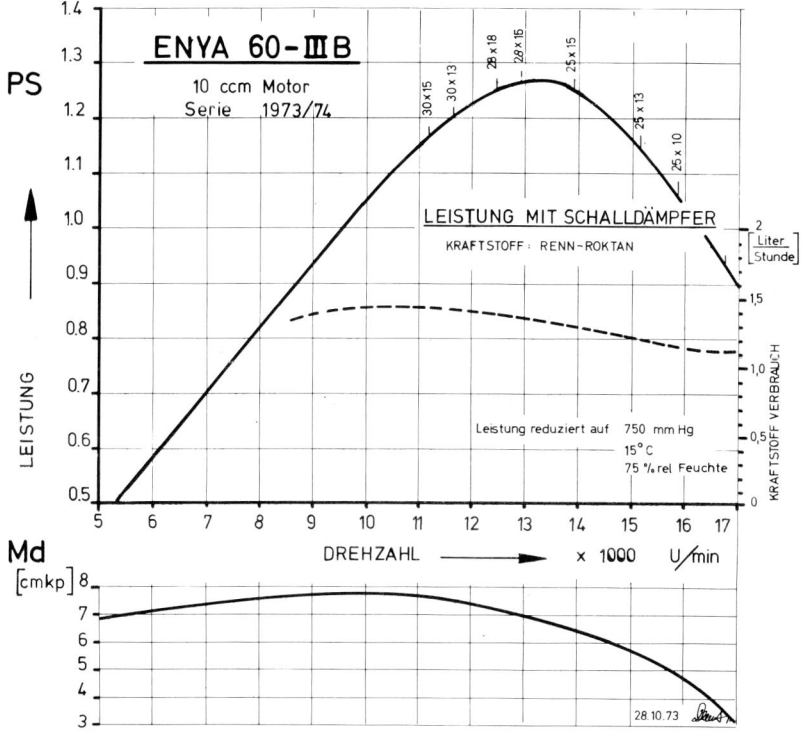

10.14.

HP .40 F – RC
Hirtenberger-Motor
6,5 ccm
Hersteller: Hirtenberger Patronen-, Zündhütchen- und Metallwarenfabrik AG, A–2552 Hirtenberg, NÖ./Austria

Allgemeines:	Der Motor wurde als Hochleistungsmotor für kleinere funkferngesteuerte Flugmodelle entwickelt. Er entstand aus einem Motor für Rekordzwecke. Umkehrspülung mit 3 Kanälen.
Kurbelgehäuse:	Dickwandiger Silizium-Alu-Druckguß. Gaskanäle eingegossen. Zylindereinpaß gehont.
Kurbelwelle:	Stahl gehärtet. Kurbelwange am Zapfen abgeflacht.
Lagerung:	Zwei Normalrillenkugellager. Lagerung nicht öldicht.
Pleuel:	Leichtmetall geschmiedet. Lagerstellen mit Bronze ausgebuchst.
Kolben:	Gegossener Kolben mit flachem Kolbenboden aus siliziumhaltiger Alu-Kolbenlegierung. Ein Kolbenring mit rechteckigem Querschnitt aus hochfestem Grauguß.
Zylinder:	Stahl gehärtet, geschliffen und gehont.
Zylinderkopf:	Gedreht aus Leichtmetall, Zentralbrennraum um mittige Kerze.
Vergaser:	Vergaser eigener Fertigung mit axial sich bewegendem Drosselküken mit Leerlaufdüsennadel eintauchend im Düsenstock.
Laufverhalten:	Beachtlich hohe Leistung. Leichte Vibrationen beim Lauf. Sehr niederer, gleichmäßiger Leerlauf. Betrieb ohne Originalschalldämpfer ist nicht zu empfehlen.

Technische Daten:

Bohrung	21,00 mm Ø
Hub	18,60 mm
Hubraum	6,44 ccm
Gewicht mit Schalldämpfer	322 g
Leistung	0,915 PS bei 16 250 U/min
Hubraumleistung	142 PS/Liter
Drehzahlbereich	1 800 U/min bis 18 000 U/min

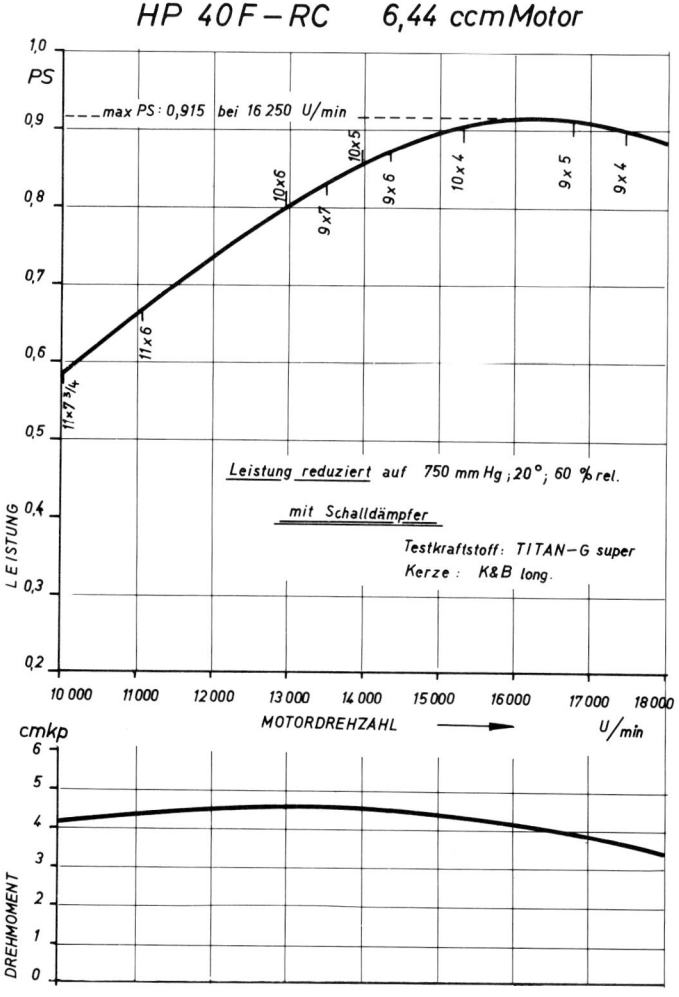

10.15.

HP .40 R – PR
Hirtenberger-Motor
6,5 ccm
Hersteller: Hirtenberger Patronen-, Zündhütchen- und Metallwarenfabrik AG, A–2552 Hirtenberg, NÖ./Austria

Allgemeines:	Der Motor ist speziell für sogenannte Pylon-Rennflugzeug-Modelle entwickelt worden. Motor kann extrem hohe Drehzahlen erreichen. Umkehrspülung mit 3 Kanälen. Hohe Verdichtung 1 : 10,5.
Kurbelgehäuse:	Dickwandiger Silizium-Alu-Druckguß. Gaskanäle eingegossen. Zylindereinpaß gehont.
Kurbelwelle:	Stahl gehärtet, Kurbelwange geschlossen.
Lagerung:	Zwei Kugellager mit besonders geringem Reibungsmoment. Lagerung nicht öldicht.
Pleuel:	Leichtmetall geschmiedet. Lagerstellen mit Bronze ausgebuchst.
Kolben:	Gegossener Kolben mit flachem Kolbenboden aus siliziumhaltiger Alu-Kolbenlegierung. Ein Kolbenring mit rechteckigem Querschnitt aus hochfestem Grauguß.
Zylinder:	Stahl gehärtet, geschliffen und gehont.
Zylinderkopf:	Gedreht aus Leichtmetall. Zentralbrennraum um mittige Kerze.
Vergaser:	Vergaser eigener Fertigung, ohne Drosselklappe. Absperrventil für Kraftstoff zum Stillsetzen des Motors.
Laufverhalten:	Sehr gute Motorleistung. Bei hohen Drehzahlen noch ruhiger Motorenlauf. Betrieb nur mit Kraftstoffeinspritzung aus Drucktank möglich. Schalldämpfer vermindert nur bei Drehzahlen über 15 000 U/min die Leistung.

Technische Daten:

Bohrung	21,00 mm ⌀
Hub	18,60 mm
Hubraum	6,44 ccm
Gewicht mit Schalldämpfer	318 g
Leistung	1,06 PS bei 18 500 U/min
Hubraumleistung	165 PS/Liter
Drehzahlbereich	10 000 – 22 000 U/min

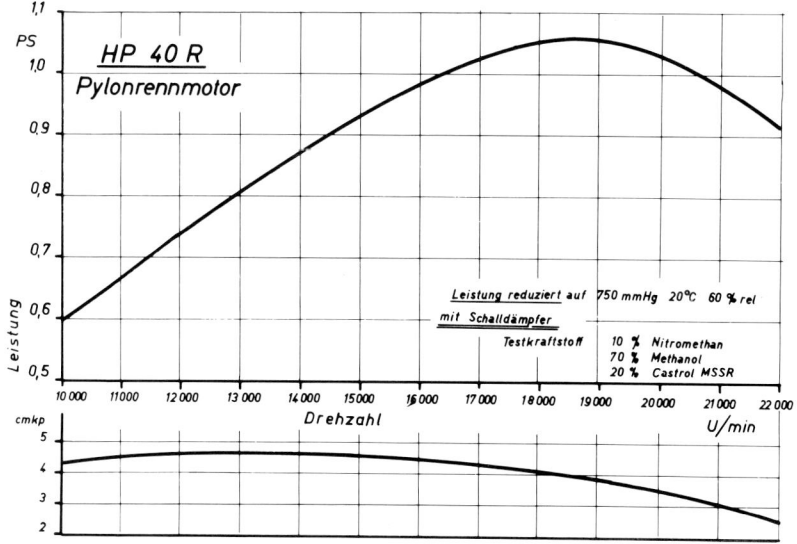

HP 40 R Pylonrennmotor

Leistung reduziert auf 750 mmHg 20°C 60 % rel mit Schalldämpfer

Testkraftstoff: 10 % Nitromethan, 70 % Methanol, 20 % Castrol MSSR

10.16.

HP .61
Hirtenberger-Modellmotor
10,0 ccm
Hersteller: Hirtenberger Patronen-, Zündhütchen- und
Metallwarenfabrik AG, A—2552 Hirtenberg,
NÖ./Austria

Allgemeines:	Der Urahn dieses Motors ist ein speziell für Rekordzwecke entwickelter Motor. Dieser Motor hatte einen Glockendrehschieber, was die kürzesten Ansaugwege ergab. Für die Serie wurde der problemlosere Flachdrehschieber gewählt. Der Motor hat eine dreikanalige Umkehrspülung mit zwei zunächst öffnenden Umkehrspülkanälen und einem dritten Querstromspülkanal. Diese Spülungsart dürfte für Modellmotoren dieser Größe ideal sein.
Kurbelgehäuse:	Das Kurbelgehäuse ist aus Aluminium-Silizium-Druckguß und recht dickwandig. Der Lagerungsteil der Kurbelwelle ist angeschraubt.
Kurbelwelle:	Stahl gehärtet und geschliffen. Welle sehr hart, bei Stürzen bruchgefährdet.
Lagerung:	Kurbelwelle in zwei Rillenkugellagern. Pleuel Gleitlager ohne Lagerbuchse.
Pleuel:	Leichtmetallpleuel geschmiedet, Lagerflächen gehont.
Drehschieber:	Flachdrehschieber aus gehärtetem Stahl. Lauffläche geschliffen.
Kolben:	Geschmiedeter Leichtmetallkolben aus Sonderlegierung Alu-Silizium-Magnesium. Flacher Kolben. Rechteckiger Kolbenring gegen Verdrehen gesichert. Im Kolbenhemd Fenster und Öffnungen für die Steuerung der Überströmkanäle.
Zylinder:	Gehärteter Stahlzylinder, gehont und außen geschliffen. Kühlrippenteil aus Leichtmetall übergeschoben.
Zylinderkopf:	Leichtmetall-Druckguß. Brennraum als Zentralbrennraum. Metalldichtung.
Vergaser:	Vergaser eigener Fertigung mit axial verschiebbarem Drosselküken. Bei Leerlauf taucht die Leerlaufdüsennadel in den Hauptdüsenstock.
Laufeigenschaften:	Gutes Anspringen. Bei kleinen Propellern nur mit Anlasser möglich. Lauf wird immer ruhiger mit zunehmender Drehzahl. Drosseleigenschaften noch gut. Der Motor ist speziell als „Rennmotor" verwendbar.

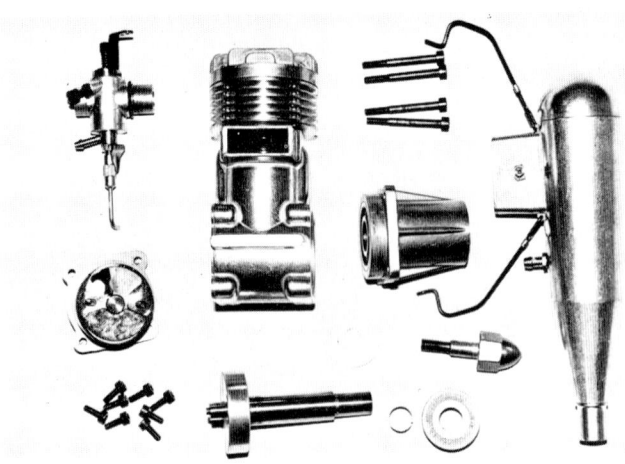

Technische Daten:

Bohrung	24,5 mm ⌀
Hub	21,0 mm
Hubraum	9,89 ccm
Gewicht mit Schalldämpfer	531 g
Leistung	1,42 PS bei 16 000 U/min
Hubraumleistung	144 PS/Liter
Drehzahlbereich	6 000 – 20 000 U/min

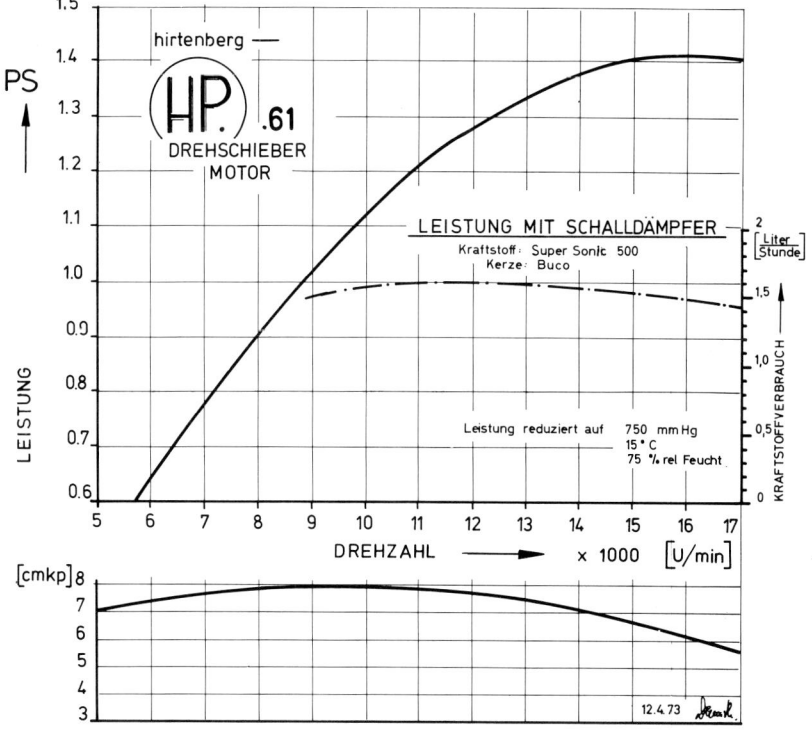

10.17.

Super-Tigre G 21/29 ABC
Italienischer Modellmotor
5,0 ccm
Hersteller: Micro-Meccanica Saturno,
Bologna/Italien, via del Rio 10
Vetrieb: Simprop, Harsewinkel

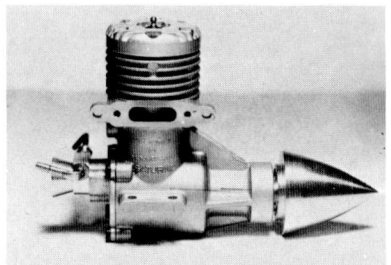

Allgemeines:	Mit dem G 21/29 ABC wurde ein neuartiger Zylinder in den Modellmotoreneinbau eingeführt. Es wird ein innen hartverchromter Messingzylinder angewendet, damit die Wärmedehnungen des Kolbens und des Zylinders nicht deren Laufspiel verändern. Der Motor ist ein reiner Rennmotor, bestens geeignet, um durch „Frisieren" auf Höchstleistung gebracht zu werden.
Kurbelgehäuse:	Mehrteiliges Kurbelgehäuse aus dickwandigem Alu-Druckguß. Alle Dichtflächen sind bearbeitet. Im vorderen Lagerungsteil des Gehäuses sind die Rillenkugellager eingepreßt. Propellermitnehmer mit Paßfeder.
Kurbelwelle:	Stahl gehärtet und geschliffen. Neben dem Zapfen ist die Kurbelwange ausgefräst und mit einem Leichtmetallring wieder verschlossen.
Lagerung:	Kurbelwelle in zwei Rillenkugellagern gelagert. Lager sind Speziallager für hohe Drehzahlen. Pleuellager als Gleitlager.
Pleuel:	Leichtmetall geschmiedet.
Drehschieber:	Stahl gehärtet und geschliffen.
Kolben:	Leichtmetallkolben aus Alu-Silizium-Material spanend hergestellt. Flacher Kolbenboden.
Zylinder:	Messingzylinder innen hartverchromt und gehont. Überströmkanäle gefräst. Spülung ist ein Mittelding zwischen Querströmspülung und Umkehrspülung. Der Kolben ist flach.
Zylinderkopf:	Ganz aus Leichtmetall zerspanend hergestellt. Zentralbrennraum.
Vergaser:	Einfacher Vergaser mit drei Öffnungen im engsten Ansaugquerschnitt. Drucktank erforderlich.
Laufverhalten:	Motor ist gut zu handhaben und problemlos. Anspringen gut, bei kleinen Propellern mit Starter. Etwas hoher Kraftstoffverbrauch. Rennmotor.

Technische Daten:

Bohrung : 19,00 mm ⌀
Hub : 17,00 mm
Hubraum : 4,82 ccm
Gewicht : 292 g
Leistung : 0,62 PS bei 17 700 U/min
Hubraumleistung : 129 PS/Liter
Drehzahlbereich : 8 000 U/min bis 22 000 U/min

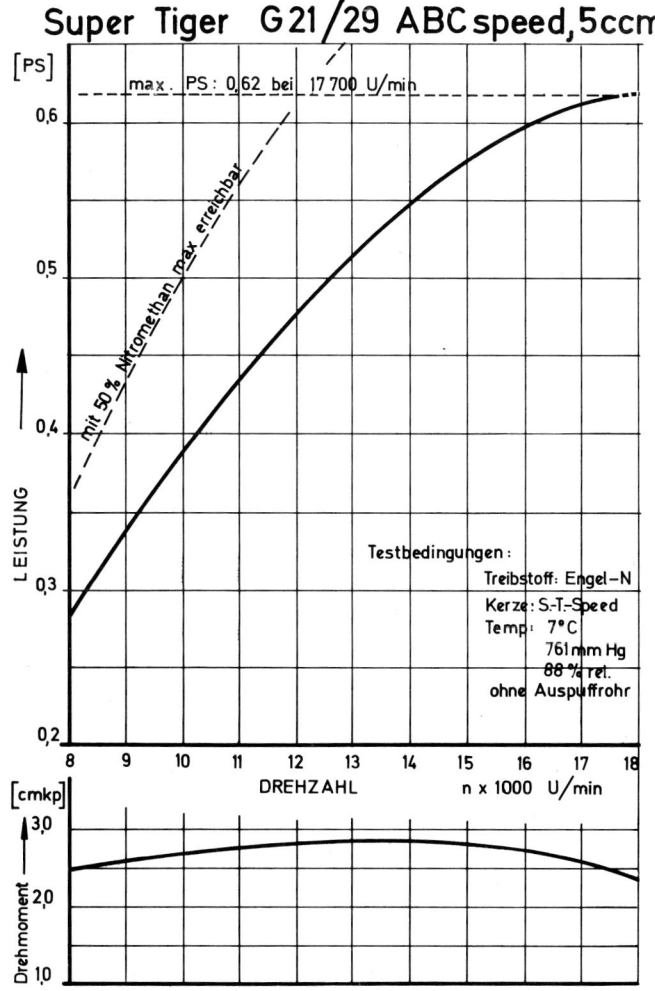

10.18.

Super-Tigre G 60 Fi Blue Head
Italienischer Modellmotor
10,0 ccm
Hersteller: Micro-Meccanica Saturno,
Bologna/Italien, via del Rio 10
Vertrieb: Simprop, Harsewinkel

Allgemeines:	Der Super-Tigre G 60 Fi Blue Head, so genannt wegen des blauen Zylinderkopfs, ist vor allem in den USA ein populärer Motor. Es gibt unter diesem Namen die unterschiedlichsten Exemplare. Von Serie zu Serie ändert sich der Vergaser oder irgendein Detail am Motor. Die Leistungen schwanken daher auch bis zu 20% von der folgenden Leistungskurve nach oben und unten.
Kubelgehäuse:	Mehrteiliges Kurbelgehäuse aus Alu-Druckguß. Hervorragende Gußqualität mit guter Oberfläche. Kugellager im vorderen Lagergehäuse eingepreßt.
Kurbelwelle:	Teilweise, wie auf dem Bild, eine geschlossene Kurbelwelle, teilweise eine Kurbelwelle mit Gegengewichten. Material Stahl gehärtet und geschliffen.
Lagerung:	Kurbelwellenlagerung in zwei Rillenkugellagern. Keine Maßnahme zur Lagerabdichtung, daher immer Ölaustritt am vorderen Kugellager.
Pleuel:	Pleuel aus Dural geschmiedet. Lagerstellen ausgebucht.
Kolben:	Gegossene und geschmiedete Kolben je nach Serie. Ein Kolbenring mit rechteckigem Querschnitt. Nasenkolben. Kolbenbolzen schwimmend.
Zylinder:	Stahlzylinder vergütet, gehont und außen überschliffen. Lauffläche hart verchromt.
Zylinderkopf:	Blau eloxierter Zylinderkopf aus Alu-Druckguß. Zentralbrennraum mit mittiger Glühkerzenlage.
Vergaser:	Vergaser mit axial verschiebbarem Drosselküken und in den Hauptdüsenstock bei Leerlauf eintauchender Leerlaufdüsennadel.
Laufverhalten:	Anspringen gut. Mittlere Laufeigenschaften. Lange Einlaufzeit wegen des hartverchromten Zylinders. Drosseleigenschaften gut. Ein Motor mit langer Lebensdauer, robust aber sehr unterschiedlich in der Serie.

Technische Daten:

Bohrung	24,00 mm ⌀
Hub	22,00 mm
Hubraum	9,98 ccm
Gewicht ohne Schalldämpfer	472 g
Leistung	1,14 PS bei 14 500 U/min
Hubraumleistung	115 PS/Liter
Drehzahlbereich	8 000 – 18 000 U/min

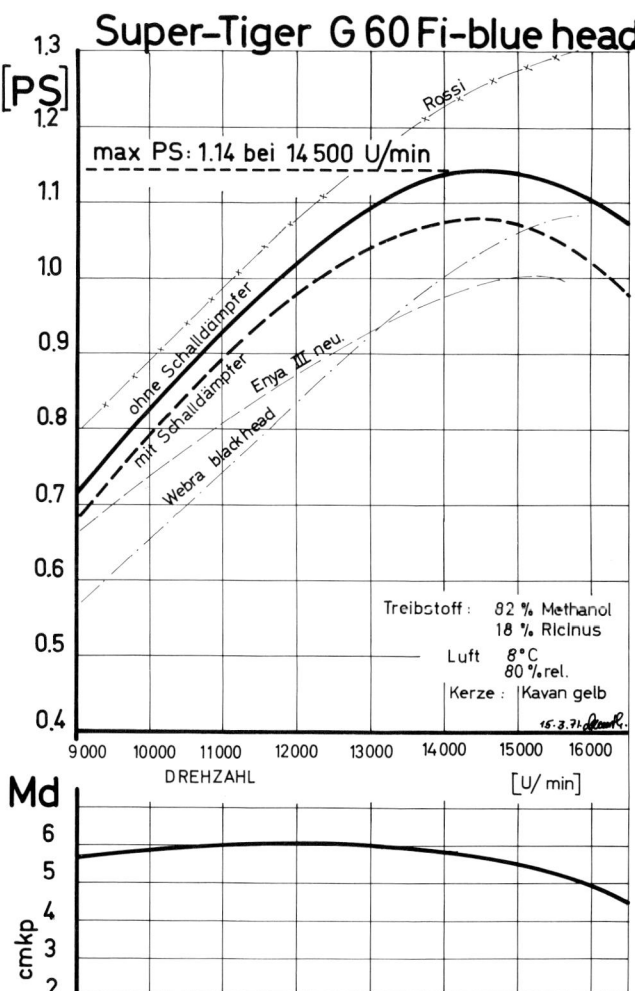

10.19.

Super-Tigre G 40 ABC-RC
Italienischer Modellmotor
6,5 ccm
Hersteller: Micro-Meccanica Saturno, Bologna/Italien
via del Rio 10
Vertrieb: Simprop, Harsewinkel

Allgemeines:	Dieser Motor ist quasi eine Vergrößerung des G 21/29, versehen mit einem Drosselvergaser. Mit diesem Motor versuchte der Hersteller einen Motor zu schaffen, der sowohl für Rennflugmodelle als auch für alle anderen Modellarten geeignet ist. Die Leistung ist hoch und auch die mit dem Motor erzielbaren Drehzahlen, gleichzeitig ist aber auch der Motor zufriedenstellend drosselbar.
Kurbelgehäuse:	Einteiliges Kurbelgehäuse aus dichtem bestem Leichtmetall-Druckguß. Sehr genaue Gehäusebearbeitung.
Kurbelwelle:	An der Kurbelwange ganz geschlossene Kurbelwelle aus gehärtetem Stahl, geschliffen und mit leichtem Schiebesitz in den Innenringen der Kugellager eingeschoben.
Lagerung:	Zweifache Kugellagerung der Kurbelwelle. Pleuel Gleitlager. Sonderkugellager für hohe Drehzahlen.
Pleuel:	Leichtmetall geschmiedet, keine Lagerbuchsen an den Lagerstellen des Pleuels.
Kolben:	Gedrehter Leichtmetallkolben aus Aluminium-Silizium-Legierung mit geringstem Ausdehnungskoeffizienten. Oben am Kolbenhemd eine umlaufende Ölrille zur besseren Abdichtung.
Zylinder:	Zylinder aus Messing innen hartverchromt und gehont. Leichter Schiebesitz im Kurbelgehäuse.
Zylinderkopf:	Ganz zerspanend aus Leichtmetall hergestellt mit kegeligem Brennraum.
Vergaser:	Drosselvergaser mit axial verschiebarem Drosselküken mit in den Hauptdüsenstock eintauchender Leerlaufdüsennadel.
Laufverhalten:	Hochtouriger Motor, der drehen will. Gutes Anspringen, und gutes Durchhalten der höchsten Drehzahlen. Drosseleigenschaften ausreichend, empfindlich auf kleine Schalldämpfer.

Technische Daten:

Bohrung	21,6 mm ⌀
Hub	17,8 mm
Hubraum	6,51 ccm
Gewicht (ohne Schalldämpfer)	438 g
Leistung	1,08 PS bei 21 500 U/min
Hubraumleistung	166 PS/Liter
Drehzahlbereich	10 000 – 25 000 U/min

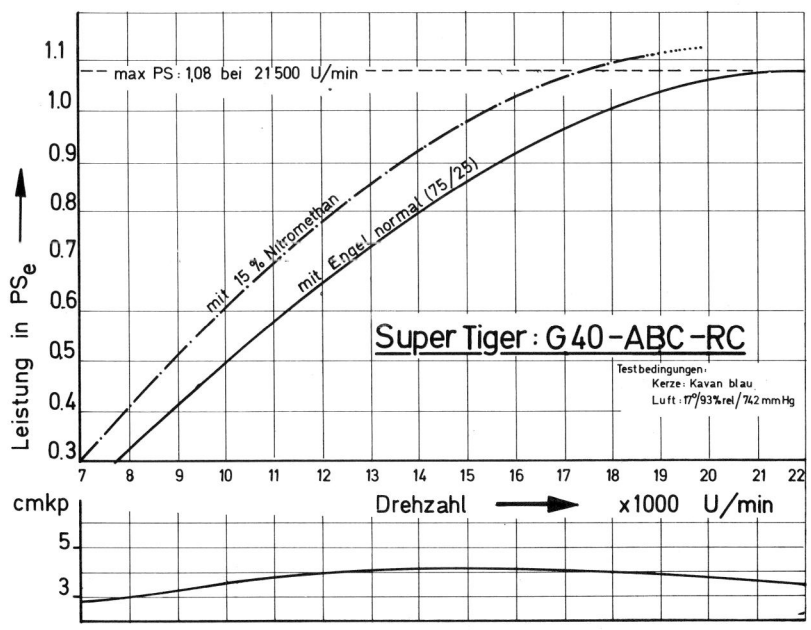

10.20.

OPS .60 – Rennmotor
Motori Monza Italia
10 ccm
Hersteller: OPS-Motori, via Silvio Pellico 40,
I–20052 Monza/Italien

Allgemeines:	Dieser Modellmotor wurde als Konkurrenzmotor zu den bekannten Rennmotoren von Hirtenberger und Rossi entwickelt. Unter dieser Type gibt es ausgezeichnete Motoren aber auch ganz normale bezüglich der Leistung. Der Motor mit seiner Umkehrspülung muß mit einer langer abgestimmten Auspuffanlage mit Diffusor betrieben werden, was den Einbau in manche Modelle erschwert.
Kurbelgehäuse:	Zweiteiliges Kurbelgehäuse mit angeschraubtem Lagerungsteil. Auspufföffnung nach hinten. Alu-Druckguß.
Kurbelwelle:	Stahl gehärtet und geschliffen. Kurbelwange geschlossen für geringsten schädlichen Raum im Kurbelgehäuse.
Lagerung:	Lagerung der Kurbelwelle in zwei Sonderkugellager für hohe Drehzahlen. Pleuel Gleitlager mit Bronzebüchsen.
Pleuel:	Dural geschmiedet. Lagerstellen ausgebüchst.
Kolben:	Kolben aus übereutektischem siliziumhaltigem Kolbenleichtmetall. Ein Kolbenring mit rechteckigem Querschnitt.
Zylinder:	Innen hartverchromter Messingzylinder, gehont und außen feingedreht. Schlitze gefräst.
Drehschieber:	Stahldrehschieber geschliffen und gehärtet. Der Drehschieber liegt nur ganz wenig auf, so daß geringste Reibungsverluste entstehen.
Zylinderkopf:	Aus Alu ganz zerspanend hergestellt. Zentralbrennraum. Mittige Glühkerzenlage.
Vergaser:	Offener Düsenstock mit einfachem Nadelventil. Nur Vollgasstellung.
Laufverhalten:	Motor ist extrem drehfreudig. Er sollte nur mit leichten, hochtourigen Propellern betrieben werden (über 20 000 U/min). Unter 12 000 U/min häufig Zündaussetzer. Resonanzschalldämpfer nur Auspuff, kein Dämpfer!

Technische Daten:

Bohrung 23,85 mm ⌀
Hub 22 mm
Hubraum 9,90 ccm
Gewicht ohne Auspuff 458 g
Leistung 2,05 PS bei 21 000 U/min
Hubraumleistung 207 PS/Liter
Drehzahlbereich 10 000 − 25 000 U/min

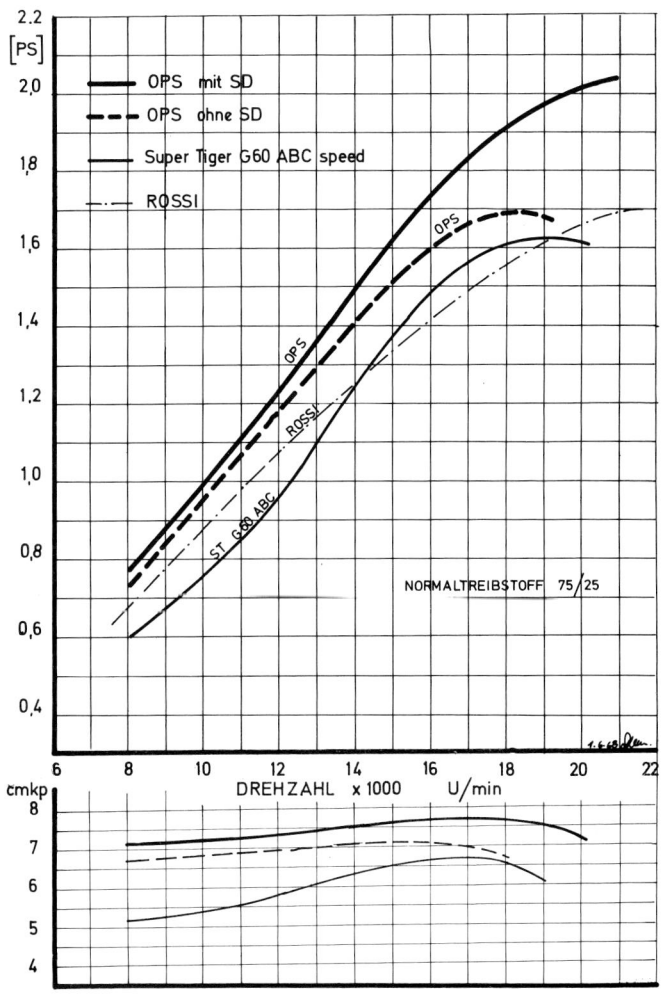

10.21.

ROSSI .60 RC
Italienischer Modellmotor
10,0 ccm
Hersteller: Firma Rossi—I—25060 Cellatica (Brescia),
via dei Carabioli, Italien

Allgemeines:	Dieser Motor ist als Rennmotor für den Geschwindigkeits-Fesselflug entwickelt worden. Der Motor hält heute noch in dieser Kategorie den Geschwindigkeitsweltrekord. Auch bei Rennautomodellen hat sich der Motor bewährt. Aus diesem Rennmotor heraus wurden zahmere Versionen mit Drosselvergaser geschaffen. Der Rossi .60 gilt heute noch als der stärkste Modellmotor mit Querstromspülung. Allerdings übertreffen ihn heute Motoren mit Resonanzauspuffsystemen und Umkehrspülung.
Kurbelgehäuse:	Kurbelgehäuse aus Magnesium-Sandguß, daher extrem leicht. Kurbelwellenlagerteil in das Hauptgehäuse eingeschoben und verschraubt.
Kurbelwelle:	Stahl gehärtet und geschliffen. An der Kurbelwange durch einen Ring verschlossen. Kurbelzapfen ausgebohrt.
Lagerung:	Kurbelwelle zwei Sonderkugellager für hohe Drehzahlen. Pleuel Bronze-Gleitlager.
Pleuel:	Dural geschmiedet.
Kolben:	Kolbenmaterial aus Aluminium-Silizium-Guß. Ein Kolbenring mit rechteckigem Querschnitt. Kolbenbolzen schwimmend mit Drahtringen gehalten.
Zylinder:	Dickwandiger Stahlzylinder innen hartverchromt, gehont und geläppt. Überström- und Auspufföffnungen gefräst und geräumt.
Drehschieber:	Kunststoff auf Miniaturkugellager gelagert. Spiel mit Scheiben einstellbar.
Zylinderkopf:	Zylinderkopf aus Leichtmetall ganz zerspanend hergestellt. Doppelglühkerzen in einem halbkugeligen Brennraum. Keine Dichtungen unter dem Zylinderkopf.
Vergaser:	Drosselverg. mit Drosselküken und Zusatzleerlaufluftöffnung. Mäßig gut regulierbar.
Laufverhalten:	Motor ist ein Wolf im Alltagskleid. Der Motor dreht hoch und erreicht sein höchstes Drehmoment bei Drehzahlen über 12 000 U/min. Drosseleigenschaften mäßig.

Technische Daten:

Bohrung	24,00 mm ⌀
Hub	22,00 mm
Hubraum	9,97 ccm
Gewicht	469 g
Leistung	Bis zu 2,5 PS bei 25 000 U/min
Hubraumleistung	etwa 250 PS/Liter
Drehzahlbereich	6 000 – 25 000 U/min

Das Leistungsdiagramm gilt für die RC-Version des Motors.

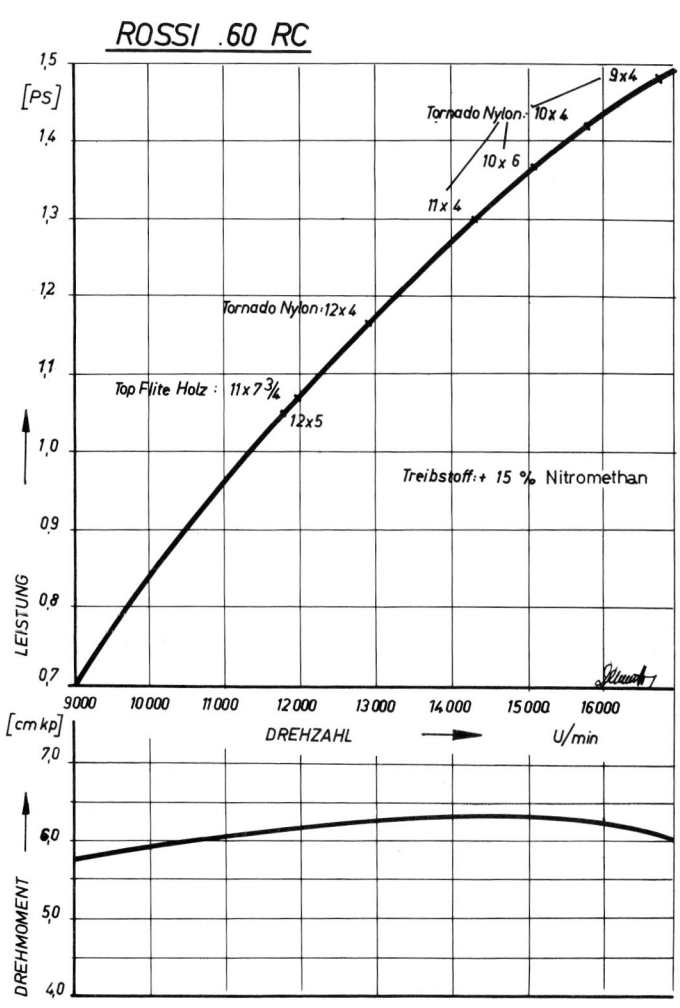